Aktuelle Texte 2

Lese- und Arbeitsbuch für
Deutsch als Fremdsprache

Herausgegeben von
Richard Schmitt,
Erich C. Kleinschmidt,
Hilke Dreyer

D1719646

Ernst Klett Verlag

Herausgegeben von Richard Schmitt, Erich C. Kleinschmidt und Hilke Dreyer
unter Mitwirkung der Verlagsredaktion Weiterbildung Fremdsprachen

1. Auflage   1   11   10   9   8 | 1991   90   89

Alle Drucke dieser Auflage können im Unterricht nebeneinander benutzt werden; sie sind
unverändert. Die letzte Zahl bezeichnet das Jahr dieses Druckes.
© Klett Edition Deutsch GmbH, München 1978. Alle Rechte vorbehalten.
Umschlaggestaltung: Hans Lämmle, Stuttgart.
Druck: Gutmann + Co., Heilbronn. Printed in Germany.
ISBN 3-12-559520-7

Inhalt

Lösungsheft zu Aktuelle Texte 2
(mit Hinweisen zum Umgang mit den Texten und Übungen)
Klett-Nr. 559521

Abkürzungen

Adj.	Adjektiv	jdm	jemandem	vgl	vergleiche
bzw	beziehungsweise	jdn	jemanden	Z	Zeile
(D)	Dativ	*(poet)*	poetisch	z. B.	zum Beispiel
(A)	Akkusativ	S	Seite	u. a.	unter anderem
etw	etwas	*Syn.*	Synonym	o. ä.	oder Ähnliches
evtl	eventuell	*(ugs)*	umgangs-	*[engl]*	englisch
Ggs.	Gegensatz		sprachlich	*(s. o.)*	siehe oben
jd	jemand	usw	und so weiter	(pl)	Plural

Quellennachweis der Illustrationen

Legende zu S. 7: Konrad Lorenz, der bekannte Verhaltensforscher und Nobelpreisträger, ist vor allem berühmt geworden durch seine Forschungen über Graugänse. Hier schwimmt er wie eine Gänsemutter vor einer Gruppe Gänseküken durch einen See. Die Küken haben ihn als ihre Mutter akzeptiert.

Legende zu S. 54: Atomkraftwerk in Biblis am Rhein

Vorwort

Dieses Lese- und Arbeitsbuch richtet sich an Ausländer mit guten Grundkenntnissen in der deutschen Sprache. Es ist geeignet für den Fortgeschrittenenunterricht an Studienkollegs und Universitäten, im Goethe-Institut und ähnlichen Institutionen der Erwachsenenbildung, ebenso in ausländischen Höheren Schulen mit Schülern ab etwa 16 Jahre. Das Buch ist so konzipiert, daß es nicht nur im Unterricht, sondern auch für das Selbststudium verwendet werden kann; in einer Lerngruppe ist es sowohl kurstragend wie auch als Zusatzmaterial einsetzbar. Es kann auch als Vorbereitung auf die „Deutsche Sprachprüfung für ausländische Studienbewerber" in der Bundesrepublik Deutschland eingesetzt werden.

Aktuelle Texte 2 wurde aus dem Deutschunterricht für ausländische Studierende an einem Studienkolleg in der Bundesrepublik Deutschland entwickelt. Ziel des Buches ist es, auf den Umgang mit authentischen Texten vorzubereiten. Es werden verschiedene Textsorten vorgestellt; der Schwerpunkt liegt jedoch auf Zeitungs- und populärwissenschaftlichen Texten, da diese für den fortgeschrittenen Deutschlerner von hohem Gebrauchswert sind.

Die Originaltexte wurden so überarbeitet, daß sie in ihrer Syntax für einen Lernenden der Mittelstufe (etwa in Anschluß an das *Zertifikat Deutsch als Fremdsprache* des Deutschen Volkshochschulverbandes und des Goethe-Instituts) erschließbar sind; der Wortschatz ist so weit vereinfacht, daß der Lernende mit Hilfe der Worterklärungen und Wortschatzübungen den Text erarbeiten kann. Der Zertifikatswortschatz bzw. der „Grundwortschatz Deutsch" von Heinz Oehler wird als bekannt vorausgesetzt. Die Texte wurden nach folgenden Kriterien ausgewählt:
1. Sie sollen durch ihre Aktualität, z. B. durch ihren sozialkritischen Bezug oder durch das Aufzeigen von Problemen, mit denen sich Industriestaaten wie die Bundesrepublik Deutschland konfrontiert sehen, zur eigenen Stellungnahme herausfordern.
2. Der Inhalt eines Textes muß möglichst konkret sein: er soll Vorgänge und/oder Beobachtungen beschreiben, aus denen in vielen Texten ein Fazit gezogen wird. So kann dem Lernenden das Verständnis wie auch die mündliche und schriftliche Wiedergabe erleichtert werden.
3. Bei der Auswahl der Texte wurde Wert gelegt auf Allgemeinverständlichkeit des angesprochenen Problemzusammenhangs. Spezielles Fachwissen wird nicht vorausgesetzt und die Verwendung einer Fachterminologie weitgehend vermieden.

Die Texte sind nicht nach Schwierigkeitsgraden geordnet. Der Lehrer ist frei in der Auswahl der Texte; er kann sie nach inhaltlichen oder formalen Gesichtspunkten bzw. nach Aufnahmefähigkeit und Interessenlage der Lerngruppe vornehmen.

Auch die Reihenfolge der Aufgaben innerhalb eines Übungsteils hängt von der speziellen Unterrichtssituation ab. Man kann z. B. zunächst die Fragen zum Verständnis des Textes als Hör- oder Leseverstehensübung einsetzen und anschließend anhand der Diskussionsfragen zur Besprechung des Textes übergehen. Die Übungen zum Wortschatz und zur Grammatik werden dann zur weiteren Vertiefung angeschlossen. In schwächeren Lerngruppen können die sprachlichen Übungen als Vorbereitung auf die Diskussion den „Fragen zur Erörterung" vorgezogen werden.

Mit dem Übungsteil „Fragen zum Text" lassen sich mehrere Ziele verfolgen. Die „Fragen zum Verständnis" geben die Möglichkeit zu kontrollieren, ob die wichtigsten Teilinformationen eines Textes verstanden worden sind. Die Fragen sind so angelegt, daß die Summe der Einzelantworten alle wesentlichen Informationen eines Textes enthält. Es bietet sich somit an, durch Verknüpfung der Einzelantworten die – mündliche oder schriftliche – Textwiedergabe zu üben.

Auch die Übungen „Zur Anlage des Textes" dienen der Kontrolle des Textverstehens. Sie zielen aber – im Unterschied zu den Verständnisfragen – nicht auf ein lineares, sondern auf ein übergreifendes Verstehen und berücksichtigen neben inhaltlichen auch formale Kriterien. Diesem Ziel dient das Aufsuchen von Schlüsselwörtern, das Zusammenfassen von Informationen, die Gliederung in Teilabschnitte und das Erkennen von Aufbau, Art und Absicht des Textes.

Der Übungsteil „Zur Erörterung" will Sprech- bzw. Schreibanlässe geben und das Problemverständnis vertiefen. Als Formen der Bearbeitung bieten sich die Stellungnahme und vor allem die Diskussion in der Lerngruppe an. Dieser Aufgabenteil ermöglicht die Kontrolle, welche sprachlichen Transferleistungen der Lernende erbringen kann. Von mindestens gleichwertiger Bedeutung ist der lernpsychologische Aspekt, unter dem diese Fragen zu sehen sind: Der Lernende soll so zum Sprechen stimuliert werden, daß der Sprechimpuls die Barriere der Fremdsprache überspringt.

Die Aufgaben zur Grammatik, zum Wortschatz und zur Wortbildung üben sprachliche Phänomene, die erfahrungsgemäß auf dieser Lernstufe noch Schwierigkeiten bereiten. Besonderer Wert wurde auf die Anwendung der Verben mit Präposition, auf die Bedeutung und Anwendung fester Ausdrücke und bestimmter Prä- und Suffixe gelegt.

Mit Aktuelle Texte 2 liegt damit ein Arbeitsbuch vor, das der Schulung von Leseverstehen, Sprech- und Schreibfertigkeit im Fortgeschrittenenunterricht dient.

Verhalten von Mensch und Tier

I. Delphine – Intelligenzler unter Wasser

Seit langem hält man die Delphine für die intelligentesten Tiere unter der
Wasseroberfläche. Delphine sind allerdings keine Fische, sondern Säugetiere; sie atmen also durch Lungen und sind deshalb gezwungen, von Zeit zu
Zeit an die Wasseroberfläche zu kommen und Luft zu holen.
5   Es gibt sehr viele verschiedene Delphinarten. Aber wenn wir in Berichten
oder im Fernsehen Delphine im Kontakt mit Menschen erleben, so handelt
es sich regelmäßig um den „Großen Tümmler". An diesem Tier hat man
Eigenschaften entdeckt, die man als selbständiges Denken, Zuneigung und
Hilfsbereitschaft bezeichnen möchte. Der folgende Versuch soll dies erläu-
10 tern:
    Das Delphinarium, das für den Versuch ausgewählt wurde, hatte große
Wasserfenster, so daß man von außen die Vorgänge, die sich unter Wasser
abspielten, deutlich verfolgen und photographieren konnte, ohne die Tiere

zu stören. Im Becken befand sich ein Delphinpaar, das sich sehr gut mitein-
15 ander verstand.

Mit lautem Schrei ließ sich nun eine Schwimmerin – sie war zugleich eine
sehr geübte Taucherin – ins Wasser fallen und spielte die Ertrinkende. Wie
hilflos bewegte sie sich im Wasser und strampelte mit Armen und Beinen.
Wie der Blitz waren die Delphine da. Sie beobachteten kurze Zeit die hasti-
20 gen Bewegungen der „Ertrinkenden". Nach wenigen Sekunden schienen
sie die vermeintliche Notsituation erkannt zu haben: Die beiden Delphine
nahmen vorsichtig mit ihren Leibern den Körper des Mädchens zwischen
sich und trugen die scheinbar Hilflose an die Wasseroberfläche.

Soweit könnte man das Verhalten der Delphine noch als Instinkthand-
25 lung bezeichnen, denn auch ihre Neugeborenen müssen die Tiere zum
Atmen an die Wasseroberfläche bringen. Wie aber soll man sich erklären,
was dann erfolgte? Die Tiere brachten das Mädchen zum Rand des Beckens.
Die Schwimmerin hielt sich dort fest und ruhte wie erschöpft auf dem Wasser aus.

30 Nun sprangen die Delphine einmal, zweimal und immer wieder übermütig aus dem Wasser und über das Mädchen hinweg ins Wasser zurück.
Es sah so aus, als freuten sie sich, daß ihnen ihr Rettungswerk gelungen
war.

Diese Episode ist keine Ausnahme. Auch sonst hört man immer wieder
35 von Delphinen, die ertrinkende Menschen nicht nur schnellstens an die Wasseroberfläche befördern, sondern sie darüber hinaus sofort ans Ufer bringen, das Rettung für den Menschen bedeutet, für den Delphin aber keine
Lebensmöglichkeit bietet.

Nach: Gerhard Gronefeld, *Westermanns Monatshefte 10/72,* Georg Westermann Verlag, Braunschweig

Worterklärungen

der Intelligenzler, - einer, der besonders intelligent ist – **das Säugetier, -e** Tier,
das lebendige Junge zur Welt bringt, die die Milch der Mutter saugen – **die Del-
phinart, -en** Delphine mit gemeinsamen Eigenschaften bilden eine Art, *z. B. die
Tümmler* – **die Zuneigung** Freundschaft, Liebe – **das Delphinarium, -ien** großes
Wasserbecken für Delphine – **sich abspielen** geschehen – **die Taucherin, -nen**
Frau, die unter Wasser schwimmen kann – **sie spielt die Ertrinkende** sie tut so,
als müßte sie ertrinken – **strampeln** Arme und Beine nach allen Seiten bewegen –
wie der Blitz sehr schnell – **vermeintlich** *hier:* etwas sieht so aus, ist aber nicht
wirklich so – **der Leib, -er** der Körper – **scheinbar** es scheint so, ist aber nicht

Die Rettung der „ertrinkenden" Schwimmerin durch die Delphine

wirklich so – **soweit** bis dahin, bis zu diesem Punkt – **die Instinkthandlung, -en** unbewußte, automatisch erfolgende Handlung – **erschöpft** müde, kraftlos – **übermütig** lustig, voll Lebensfreude – **das Rettungswerk, -e** eine Tat, durch die jd oder etw gerettet wird

Fragen zum Text

I. Zum Verständnis

1. Gehören Delphine zur Gattung der Fische? Wieso (nicht)?
2. Was hat man über das Verhalten des „Großen Tümmlers" entdeckt?
3. Warum waren Wasserfenster in die Wände des Delphinariums eingebaut?
4. Wie verhielt sich im beschriebenen Versuch die Schwimmerin?
5. Wie reagierten die Delphine auf die „Ertrinkende"?
6. Was machten die Delphine nach der „Rettung"?
7. Wieso könnte das Verhalten der Tiere eine Instinkthandlung sein? – Was ist eine Instinkthandlung?

II. Zur Erörterung

1. Wie interpretieren Sie das Verhalten der Delphine: Instinktverhalten oder „mehr"?
2. Wie deutet der Bericht das Verhalten der Delphine? Suchen Sie entsprechende Stellen im Text!

9

3. „Je näher die beobachteten Tiere dem Menschen verwandt sind, um so
   größer ist die Gefahr, daß sich in die Denk- und Ausdrucksweise des Forschers eine vermenschlichende Deutung einschleicht." *
   Ist diese Gefahr in diesem Text zu beobachten?
4. Die Intelligenz der Delphine zeigt sich u. a. in ihren Lernleistungen (Dres-
   suren). Kennen Sie Beispiele dafür?
5. Wie könnte sich der Mensch die Lernfähigkeit der Delphine nutzbar machen?

Übungen zum Text

*I. Formen Sie um – wie in folgendem Beispiel – in Sätze mit „um . . . zu",
„ohne . . . zu" oder „anstatt . . . zu".*

> Man hat ein Delphinarium errichtet; man wollte die Delphine in aller
> Ruhe beobachten.
>
> Man hat ein Delphinarium errichtet, **um** die Delphine in aller Ruhe
> beobachten **zu** können.

1. Man kann durch die großen Wasserfenster hindurch sehen; aber man
   stört die Tiere nicht. (ohne . . . zu)
2. Eine geübte Schwimmerin läßt sich ins Wasser fallen; aber sie schwimmt
   nicht, sie spielt eine Ertrinkende. (anstatt zu)
3. Sie strampelt mit Armen und Beinen; sie will die Delphine auf sich aufmerksam machen.
4. Die Delphine schwimmen herbei; sie zögern keinen Augenblick.
5. Sie schieben ihre Leiber unter den Körper des Mädchens; sie wollen die
   Ertrinkende an die Wasseroberfläche heben.
6. Delphine heben ihre Neugeborenen ebenso an die Wasseroberfläche; sie
   wollen sie das Atmen lehren.
7. Soweit könnte man die Reaktion der Tiere als Instinkthandlung erklären; man unterstellt ihnen damit keine ‚menschlichen' Verhaltensweisen.
8. Wenn die Tiere aber tatsächlich erkannten, daß das Mädchen ein ‚Land-
   tier' war, mußten sie es an den Rand des Beckens bringen; sie wollten
   es retten.
9. Hätten die Delphine mit dem Mädchen nur das getan, was sie aus In-
   stinkt mit ihren Kindern tun, hätten sie anders gehandelt: sie hätten das

---

* Der Organismus, hrsg. v. G. Fels, Klett, S. 145.

Mädchen nicht ans Land gebracht, sondern es nach kurzer Zeit wieder untertauchen lassen. (anstatt ... zu)

10. Am Beckenrand sprangen die Delphine einige Male übermütig über die Gerettete hinweg; sie wollten ihrer Freude Ausdruck geben.

11. Bei einem anderen Versuch haben die Tiere ganz unerwartet gehandelt: sie erfüllten die gestellte Aufgabe nicht, sondern boxten ihren Trainer mit ihren harten Schnauzen, bis er blaue Flecken bekam. (anstatt ... zu)

II. Nennen Sie Synonyme.

a) bezeichnen (Z 9) b) gezwungen sein (Z 3) c) im Kontakt mit (Z 6) d) der Leib (Z 22) e) das Becken (Z 14) f) darüber hinaus (Z 36) g) die Episode (Z 34) h) das Verhalten (Z 24)

III. Nennen Sie Antonyme.

a) die Zuneigung (Z 8) b) selbständig (Z 8) c) festhalten (Z 28)

IV. Erklären Sie die Unterschiede, evtl mit Hilfe eines Beispielsatzes:

a) entdecken (Z 8) – erfinden
b) erfolgen (Z 27) – verfolgen (Z 13)

V. vgl Z 16: Mit lautem Schrei *läßt sich* nun eine Schwimmerin ins Wasser fallen.

Das Verb *lassen* hat – je nach Kontext – unterschiedliche Bedeutungen.

(sich) lassen
- veranlassen, daß etw geschieht
- zulassen, daß etw geschieht, erlauben
- unterlassen, nicht tun, nicht machen
- überlassen, zur Verfügung stellen

a) Beantworten Sie die Fragen und verwenden Sie in Ihrer Antwort wie im folgenden Beispiel das Wort „lassen".

Tat die Schwimmerin so, als ob sie aus Versehen ins Wasser fiel?
Ja, sie **ließ** sich einfach ins Wasser fallen.

1. Konnte man die Vorgänge im Becken durchs Fenster beobachten?
2. Gelang es, die Delphine zu täuschen?
3. Wollten die Tiere, daß das Mädchen ertrank?
4. Werden in alten griechischen Darstellungen bereits Kinder von Delphinen durchs Wasser getragen? Ja, das stimmt ...

5. Kannst du mir einige deiner Aufnahmen geben? (Ja, . . .)
6. Dann brauche ich jetzt also keine Aufnahmen zu machen?

b) Verwenden Sie in Ihrer Antwort wie in folgendem Beispiel den passenden synonymen Ausdruck zu „lassen". (Manchmal sind mehrere Verben möglich.)

Lassen die gutmütigen Tiere die Kinder auf sich reiten?
Ja, sie **lassen zu**, daß Kinder auf ihnen reiten.

1. Lassen die Delphine die Frau hilflos im Wasser strampeln?
2. Lassen Sie mir für heute den Bericht über die Delphine hier?
3. Was ist mit der Hausaufgabe? Läßt du sie heute bleiben?

VI. Vgl Z 20–21: Nach wenigen Sekunden *schienen* sie die vermeintliche Notsituation erkannt zu haben.

Beantworten Sie die Fragen wie in beiden folgenden Beispielen sinngemäß mit „ja" oder „nein".

Hatten die Delphine die Notsituation erkannt?
Ja, sie **schienen** sie erkannt zu haben.

War die Schwimmerin wirklich hilflos?
Nein, sie **schien** nur hilflos zu sein.

1. Sind das dort Tümmler?
2. Verstehen die Tiere sich gut miteinander?
3. Können sie auch Hilfsbereitschaft und Zuneigung untereinander zeigen?
4. Können diese Tiere selbständig denken?
5. Sind die Delphine die intelligentesten Tiere unter der Wasseroberfläche?
6. War das Mädchen wirklich erschöpft?
7. Können sich Tümmler über ihr Rettungswerk freuen?

VII. Vgl Z 17: . . . und spielte die *Ertrinkende*

a) Bilden Sie Sätze mit den folgenden Verben, und ordnen Sie die Verben je nach ihrer Bedeutung in zwei Gruppen.
ertrinken, ertränken, ersaufen, ersäufen, ersticken, erstechen, erliegen, erlegen, erschießen, erschlagen, erfrieren, ermorden

b) Welche Verben werden stark, welche schwach konjugiert?

12

2. Ein Neuling in einer Pavianhorde

Der amerikanische Zoologe Irven Devore hatte Obbo, ein junges Pavianmännchen, das im Zoo von Chicago aufgewachsen war, aus dem Kreis seiner Familie herausgenommen und ganz allein in der fremden Horde des
Pavianfelsens im New Yorker Bronx-Zoo ausgesetzt. Der Forscher wollte
5 beobachten, ob und wie sich Obbo in die neue Gruppe einordnen konnte.
Ganz oben an der Spitze einer Affenhorde steht der Boß. Man erkennt
ihn sofort an seinen Rangabzeichen: an der majestätisch üppigen Pelzjoppe
des Oberkörpers und an der furchteinflößenden Größe der Eckzähne, die
er beim Gähnen als versteckte Drohung von Zeit zu Zeit blicken läßt.
10 Der Boß ist keineswegs das muskulöseste Männchen der Horde, sondern
das stärkste Tier der mächtigsten Clique innerhalb der Horde. Wer einmal
Boß geworden ist, braucht sich keine Sorgen mehr zu machen, denn nun
drängen sich alle heran und wollen auch Günstlinge des Anführers werden.
Nachdem er die Macht ergriffen hat, wächst ihm der prächtige Herrscher-
15 mantel um die Schultern. Ob dies nun durch das gestiegene Selbstbewußtsein oder eine andere seelische Regung bewirkt wird, wissen die Zoologen
nicht.
Außer am Fell und an den Eckzähnen erkennt man den Herrscher an
einer typischen Charaktereigenschaft: Ein Boß kümmert sich praktisch nur
20 um sich und sein Wohlergehen und nie darum, was andere tun, es sei denn,
es handelt sich um eine „strafbare Handlung" seiner Untergebenen.
Anlaß zur Strafe kann schon ein kleiner Verstoß gegen die Grußordnung sein. Jedes Hordenmitglied, das am Boß vorbeigehen will, muß ihm
ein Zeichen seiner Ergebenheit darbieten. „Bitte vorbeigehen zu dürfen"
25 hieß es früher beim Militär. Der Boß reagiert allerdings überhaupt nicht. Er
schaut irgendwohin in den Himmel. Aber aus den Augenwinkeln beobachtet
er doch. Und wehe dem, der ihn nicht in geziemender Weise oder gar überhaupt nicht grüßt!
Gleich am zweiten Tag beobachtete der Forscher, wie ein älterer Pavian
30 vom Boß mit einem Genickbiß bestraft wurde. Laut kreischend rannte der
Gebissene auf Obbo zu und biß ihn ebenfalls ins Genick. Ganz klar: das
ältere Männchen reagierte seine Minderwertigkeitskomplexe am Neuling
ab. Beim Menschen nennt man ein solches Verhalten „radfahren": Nach
oben buckeln und nach unten weitertreten!
35 Obbo aber fand einen Trick, sich zu rächen: Etwas später stellte er sich
etwa drei Meter hinter dem Herrscher auf, und als dasselbe ältere Männchen vorbeilief und seinen strengen Herrn mit einem tiefen Kniefall grüßte,
schnitt Obbo ihm allerlei Fratzen und drohte ihm. Was sollte der Ältere nun

13

Ein Affe macht gegenüber einem anderen Affen (wie Obbo gegenüber Bluffy)
das Zeichen der Ehrerbietung und Unterwerfung; links der Affenboß mit seiner
üppigen Pelzjoppe

tun? Er durfte nicht auf Obbo zulaufen, um ihn zu bestrafen; das hätte der
40 Herrscher, der gar nicht ahnte, was hinter seinem Rücken vorging, mißverstanden, was schlimme Folgen für den Angreifer hätte haben können. Also
mußte er seine Wut unterdrücken, und Obbo blieb straffrei. Verhaltensforscher nennen diesen Trick: „beschütztes Drohen".

So also sah es in der Gesellschaft aus, mit der sich Obbo nun irgendwie
45 arrangieren mußte. Das Beste für einen Neuling ist es natürlich, Kontakt zur
mächtigsten Clique auf dem Affenfelsen zu bekommen. Er tut deshalb gut
daran, sich an eines der untersten Tiere dieser Gruppe heranzumachen: ein
Untergebener hat es immer gern, wenn er einen Kollegen bekommt, der in
der Rangordnung noch unter ihm steht.

50 Und so machte sich Obbo mit allen Zeichen „pavianischer" Ehrerbietung
an Bluffy, ein gleichaltriges Pavianmännchen, heran. Er warf sich zu Boden
und rutschte, auf allen Vieren rückwärts, auf Bluffy zu. Dabei drehte Obbo
das Gesicht über die Schulter nach hinten, grinste und schmatzte laut. Das
bedeutet: „Als dein gehorsamer Diener will ich dein Freund sein."
55 Schließlich sprang Bluffy Obbo auf den Rücken, d. h. er nahm den Freund-
schaftsantrag an. Damit war Obbo Mitglied der führenden Clique geworden.

Nach: Vitus B. Dröscher, *Nicht jeder darf den Affen lausen*, STERN, 10. Juni
1976

14

Worterklärungen

die Pavianhorde, -n Gruppe, in der Paviane zusammenleben – **das Rang-abzeichen, -** Zeichen, das die Stellung in einer Gruppe sichtbar macht – **üppig** *hier:* schön und groß gewachsen – **die Pelzjoppe, -n** Pelzjacke – **furchtein-flößend** angstmachend – **die Clique, -n** *hier:* Gruppe, die gemeinsame Interessen vertritt – **der Günstling, -e** der Liebling, der von einem Herrscher anderen vorge-zogen wird – **die Ergebenheit** Anerkennung der höheren Stellung eines an-dern – **etw aus den Augenwinkeln beobachten** etw beobachten, ohne daß die an-dern das Beobachten merken sollen – **wehe dem, der . . .** etw ist gefährlich für jdn – **geziemend** wie es den Regeln entspricht – **kreischend** laut und häßlich schreiend – **etw an jdm abreagieren** *hier:* etw bei jdm abladen – **der Minderwertigkeits-komplex, -e** das Gefühl, selbst wenig wert zu sein im Vergleich zu anderen – **buckeln** einen krummen Rücken machen; *hier:* sich demütig beugen – **Fratzen schneiden** ein häßliches Gesicht machen – **sich arrangieren mit** *hier:* sich einord-nen in – **sich an jdn heranmachen** Kontakt suchen zu jdm – **die Ehrerbietung** Achtung, Respekt – **auf allen Vieren rutschen** auf vier Beinen laufen und dabei den Körper dicht über dem Boden bewegen – **grinsen** breit lächeln – **schmatzen** Geräusche mit dem Mund machen

Fragen zum Text

I. Zum Verständnis

1. Welches Experiment machte der amerikanische Zoologe Irven Devore? Zu welchem Zweck?
2. Kann man den Boß einer Affenhorde erkennen? Woran?
3. Welches Tier in der Horde kann Boß werden?
4. Was geschieht, nachdem ein Tier Boß geworden ist?
5. Wie verhält sich der Boß einer Affenhorde?
6. Wie ist die Grußordnung geregelt?
7. Warum wurde Obbo von einem älteren Pavian gebissen?
8. Wieso war Obbos späteres Verhalten eine Rache?
9. Was versteht man unter „beschütztem Drohen"?
10. Was ist die beste Methode für einen Neuling, sich mit der Affengesell-schaft zu arrangieren?
11. Wie wurde Obbo Mitglied der führenden Clique?

II. Zur Anlage des Textes

1. Welche Funktion hat der erste Abschnitt?
2. Wie können Sie den gesamten folgenden Text in zwei Teile einteilen? Wovon handelt der erste, wovon der zweite Teil?

15

3. Suchen Sie für jeden einzelnen Abschnitt der beiden Teile eine Überschrift. Stellen Sie die Ergebnisse der Aufgaben 2 und 3 in einer Übersicht
zusammen, z. B.:

Teil: Abschnitt:

I. *der Pavianboß* ....   1. ....

                                          2. ....

II. *der Fremde, Neuling)* ....   1. *Die Hackordnung* ...

     die Gruppordnung   2. *die I.* ....

4. Werden die einzelnen Abschnitte miteinander verbunden? Wie?
   Welche Sätze oder Wörter haben die Aufgabe zu verbinden?
5. Welche Aufgabe hat der Schlußsatz? Vergleichen Sie ihn mit dem ersten
   Abschnitt!

III. Zur Erörterung

1. Für die Zoologen ist es unklar, ob das gestiegene Selbstbewußtsein oder
   andere seelische Regungen beim Pavianboß zum Wachsen des Herr-
   schermantels führen.
   Kennen Sie Beispiele aus Ihrer Erfahrung, bei denen seelische Regungen
   zu körperlichen Reaktionen führen?
2. Gibt es menschliche Gesellschaften oder Gruppen, die man mit der Pavianhorde vergleichen könnte?
3. Warum ist es für Obbo nicht möglich, mit einer Revolution die Demo-
   kratie unter den Affen einzuführen?

Übungen zum Text

I. Finden Sie Synonyme.

a) der Boß (Z 6) b) der Anlaß (Z 22) c) darbieten (Z 24)

II. Nennen Sie Antonyme.

a) das Selbstbewußtsein (Z 15) b) der Untergebene (Z 21)

III. Erklären Sie die folgenden Ausdrücke.

a) jdn [ein Tier] aussetzen (Z 4) b) das Gähnen (Z 9) c) die Drohung (Z 9)
d) sich herandrängen (Z 13) e) das Wohlergehen (Z 20) f) der Genickbiß
(Z 30) g) das Mitglied (Z 56)

IV. vgl Z 41: . . ., was schlimme Folgen . . . hätte haben können.

Beantworten Sie die Fragen wie in folgendem Beispiel auf zwei verschiedene Arten.

Warum durfte er nicht auf Obbo zulaufen?
(Das konnte schlimme Folgen für den Angreifer haben!)

Das **hätte** schlimme Folgen für den Angreifer **haben können.**

Weil das schlimme Folgen für den Angreifer **hätte haben können.**

1. Warum war es gefährlich, den Boß nicht zu grüßen? (Das konnte zu einem Genickbiß führen!)
2. Warum durfte das ältere Männchen nicht auf Obbo zulaufen? (Das konnte der Herrscher mißverstehen!)
3. Warum hat sich Obbo nicht an ranghöhere Tiere herangemacht? (Zu ranghöheren Tieren konnte Obbo keinen Kontakt herstellen.)
4. Warum ist Obbo auf allen Vieren und rückwärts auf Bluffy zugerutscht? (Bluffy konnte ihn sonst mißverstehen.)

V. Vgl Z 40: . . ., was hinter seinem Rücken *vorging*

Das Verb *vorgehen* hat – je nach Kontext – unterschiedliche Bedeutungen.

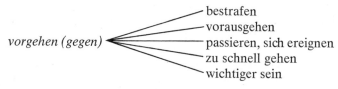

vorgehen (gegen)
- bestrafen
- vorausgehen
- passieren, sich ereignen
- zu schnell gehen
- wichtiger sein

Welche Bedeutung hat das Verb „vorgehen" in den folgenden Sätzen?

1. Der Boß ahnte nicht, was hinter seinem Rücken vorging.
2. Der Anführer geht gegen jeden in seiner Affenherde, der ihn nicht ehrerbietig grüßt, streng vor.
3. Können Sie mir bitte erklären, was hier vorgeht?
4. Er ging vor, die anderen kamen nach.
5. Dieser Brief geht vor, den muß ich jetzt zuerst schreiben.
6. Deine Uhr geht drei Minuten vor.

*VI. Setzen Sie die fehlenden Präpositionen ein bzw. ergänzen Sie die Frage-
pronomen.*
Beantworten Sie die Fragen.

1. Konnte Obbo sich .... die neue Gruppe einordnen?
2. Wer steht .... der Spitze einer Affenhorde?
3. Wor....... erkennt man den Boß?
4. Wor....... kümmert sich der Boß einer Affenherde nie?
5. Was kann Anlaß .... eine Strafe sein?
6. Was müssen die Paviane tun, wenn sie .... dem Boß vorbeigehen wollen?
7. Wie reagiert das ältere Männchen seine Minderwertigkeitskomplexe .... dem Neuling ab?
8. Was geschah, wenn einer der Horde den Boß nicht .... geziemender Weise grüßte?
9. Was machte Obbo, als das ältere Männchen seinen Herrn .... einem tiefen Kniefall grüßte?
10. Warum durfte das ältere Männchen nicht .... Obbo zulaufen?
11. War es schwer für Obbo, sich .... der für ihn neuen Affengesellschaft zu arrangieren?
12. .... welcher Clique mußte Obbo versuchen, Kontakt zu bekommen?
13. Warum machte sich Obbo .... Bluffy heran?

3. Der sechste Sinn der Vögel

Schon seit langem haben sich Forscher mit der Erscheinung des „Heimfindens" der Tiere beschäftigt, um herauszufinden, welcher Hilfsmittel die Tiere sich dabei bedienen. So weiß man z. B. schon lange, daß die Brieftaube die Sonne als Kompaß verwendet, wenn sie über Hunderte von Kilometern
5 entfernt freigelassen wird und versucht, wieder nach Hause zu finden. Das ist eine erstaunliche Leistung, zu der ein Mensch nur mit Hilfe verschiedener Geräte in der Lage ist. Dabei wäre nämlich eine Aufgabe aus der sphärischen Trigonometrie zu lösen, um den Standort zu bestimmen: Man müßte die geographische Länge und Breite des Heimatortes und die geographische
10 Länge und Breite des gegenwärtigen Standpunktes kennen. Beide Orte müßte der Mensch sodann auf einer Karte mit einer Linie verbinden und an ihr die Heimkehrrichtung ermitteln. Die Taube schafft das wahrscheinlich

mit Hilfe ihres außerordentlich empfindlichen, genauen Zeitsinns und der Fähigkeit, Sonnenbewegung und Sonnenhöhe über dem Horizont genau er-
15 fassen zu können.

Wie aber findet die Brieftaube zurück, wenn die Sonne *nicht* zu sehen ist? Um dies herauszufinden, hat man Brieftauben kleine Sender umgeschnallt und sie bei bedecktem Himmel weit von ihrem Heimatort entfernt freigelassen. Ein Flugzeug konnte mit Hilfe eines Empfängers die Vögel außerhalb
20 der Sichtweite verfolgen. Das Ergebnis war unerwartet: Die Tauben flogen zunächst wie immer ein bis zwei Runden über dem Ort, an dem sie freigelassen worden waren. Dann aber flogen sie in den verschiedensten Richtungen davon. Nach 20 bis 30 Kilometern schienen die Vögel zu bemerken, daß sie sich in der falschen Richtung bewegten. Sie ließen sich auf der Erde
25 nieder und legten eine Pause von etwa einer Stunde ein. Dieser Vorgang wiederholte sich noch zwei-, drei- oder viermal, bis sie endlich die richtige Richtung einschlugen. Es fiel den Tieren offensichtlich viel schwerer sich zu orientieren, als wenn sie die Sonne zu Hilfe nehmen konnten.

Diese Vermutung bestätigte sich bei anderen Versuchen. Man beobach-
30 tete nämlich, wie die Tiere bei einem plötzlich aufkommenden Gewitter nicht weiterflogen, sondern warteten, bis die Sonne wieder herauskam. Bezog sich der Himmel aber für längere Zeit, dann wendeten sie wieder die oben beschriebene Methode an. Ihnen steht also offensichtlich eine weitere Orientierungsmöglichkeit zur Verfügung. Wissenschaftler gelangten in letz-
35 ter Zeit immer mehr zu der Ansicht, daß diese geheimnisvolle Orientierung auf einem magnetischen Sinn, so etwas wie einem „inneren Magnetkompaß" beruht. Wie dieser funktioniert und in welchem Körperteil er zu suchen ist, diese Fragen liegen derzeit aber noch jenseits des Erforschten.

Nach: Gerhard Gronefeld, *Der Tiere sechster Sinn, Westermanns Monatshefte* 10/1972, Georg Westermann Verlag, Braunschweig

Worterklärungen

sich einer Sache bedienen eine Sache benutzen – **die sphärische Trigonometrie** Berechnung von Dreiecken auf der Kugeloberfläche – **ermitteln** feststellen – **außerordentlich** besonders, sehr – **empfindlich** *hier:* fein – **etw erfassen** *hier:* erkennen – **etw umschnallen** etw festmachen an – **bedeckter Himmel** Himmel mit geschlossener Wolkendecke – **außerhalb** jenseits von – **die Sichtweite** *so weit, wie man sehen kann* – **die Runde, -n** *hier:* Kreisbahn – **eine Richtung einschlagen** sich in einer bestimmten Richtung fortbewegen – **etw bestätigt sich** *hier:* etw zeigt sich als richtig – **der Himmel bezieht sich** Wolken bedecken allmählich den Himmel – **geheimnisvoll** *hier:* bisher unerklärlich – **etw beruht auf etw** es hat seine Ursache in etw

Fragen zum Text

I. Zum Verständnis

1. Welche Bedeutung hat die Sonne für die Brieftauben, wenn sie versuchen, nach Hause zu finden?
2. Was müßte ein Mensch tun, der die Richtung feststellen will, in der er von einer bestimmten Stelle aus nach Hause zurückkehren kann?
3. Welche Fähigkeiten muß die Brieftaube haben, um den Weg nach Hause finden zu können?
4. Wie versuchte man, das Verhalten der Brieftauben bei bedecktem Himmel zu beobachten?
5. Wie verhielten sich die Brieftauben bei dem Versuch?
6. Wie reagierten die Brieftauben bei plötzlichen Gewittern? Und wie reagierten sie, wenn der Himmel längere Zeit bedeckt war?
7. Welche Schlußfolgerungen zogen die Wissenschaftler aus den Beobachtungen?

Ich frage mich, wie sie jedes Jahr wieder ihren Weg zurückfinden.

II. Zur Erörterung

1. Kennen Sie andere Möglichkeiten, wie Tiere sich räumlich orientieren können? Welche?
2. Welche Mittel haben die Menschen zur räumlichen Orientierung zur Verfügung?
3. Vergleichen Sie die Mittel von Menschen und Tieren: In welchen Bereichen haben die Menschen größere Möglichkeiten, in welchen die Tiere?

III. Zur Anlage des Textes

1. Teilen Sie jeden Abschnitt nach zusammengehörenden Informationen in Unterabschnitte.
2. Geben Sie mit zwei bis drei Stichworten die wichtigste Information in jedem Unterabschnitt an.
3. Geben Sie den Inhalt des Textes anhand der Stichworte wieder!
4. Welche besondere Aufgabe haben der erste und letzte Satz des Textes?
5. Will der Text den Leser vor allem unterhalten, informieren oder beeinflussen? Begründen Sie Ihre Antwort!
6. Welche Textsorten (= Textarten) sind Ihnen aus Zeitungen oder Zeitschriften bekannt? Charakterisieren Sie diese.
7. Um welche Textsorte handelt es sich bei diesem Text?

Übungen zum Text

I. Vergleichen Sie in folgendem Beispiel die verschiedenen Antwortmöglichkeiten.

Beantworten Sie in der gleichen Weise die unten stehenden Fragen, und wählen Sie dabei die jeweils passenden Formulierungen. (Nicht immer sind alle 3 Formen möglich.)

Wie finden Brieftauben ihren Weg nach Hause? (Orientierung am Stand der Sonne)	
Sie finden im allgemeinen ihren Weg	**durch Orientierung** am Stand der Sonne.
	, indem sie sich am Stand der Sonne **orientieren.**
	mit Hilfe der **Sonne.**

1. Wie könnte ein Mensch in vergleichbarer Situation den Weg nach Hause finden? (Verwendung verschiedener Hilfsmittel)
2. Wie könnte man den eigenen Standort bestimmen? (Lösung einer schwierigen Aufgabe aus der sphärischen Trigonometrie)
3. Wie könnte man die Heimkehrrichtung ermitteln? (Verbindung zweier Orte auf der Karte)
4. Wie lösen die Tauben diese Aufgabe? (instinktives Erfassen der Sonnenbewegung und Sonnenhöhe)

5. Wie können sich die Tauben orientieren, wenn die Sonne nicht scheint? (zwei- bis viermaliger Richtungswechsel)
6. Wie konnte man den Flug der Tauben von einem Flugzeug aus verfolgen? (Auffangen von Sendezeichen)
7. Wie versuchen die Forscher, die geheimnisvolle Orientierung der Vögel zu erklären? (Annahme eines inneren Magnetkompasses)

II. Nennen Sie Antonyme.

a) freilassen [z. B. Tauben] (Z 5) b) sich niederlassen [z. B. Tauben] (Z 24 –25)

III. Erklären Sie die folgenden Ausdrücke.

a) der Kompaß (Z 4) b) den Standort bestimmen (Z 8) c) der Horizont (Z 14) d) jdm etw umschnallen (Z 17) e) sich orientieren (Z 27–28)

IV. a) Ergänzen Sie die folgenden Verbindungen. – (Sie finden die fehlenden Verben im Text.)
   b) Bilden Sie mit den Ausdrücken Fragen zum Thema.

1. sich eines Hilfsmittels . . . .
2. in der Lage . . . .
3. eine Aufgabe . . . .
4. einen Standort . . . .
5. zu der Ansicht . . . .
6. eine Richtung . . . .
7. eine Methode . . . .

V. vgl Z 29–30: Man *beobachtete* nämlich, daß die Tiere . . .

a) *beobachten* ⎯ die Bewegung von etw oder jdm mit den Augen genau verfolgen
b) *betrachten* ⎯ den Blick längere Zeit auf jdn oder etwas richten
c) *besichtigen* ⎯ etw besuchen und ansehen

a, b oder c? Setzen Sie das passende Verb ein.

1. fliegende Vögel . . . . 2. einen Vogel im Museum . . . .
. . . . 3. eine fremde Stadt . . . . 4. eine
Brieftaubenausstellung . . . . 5. einen Singvogel im Garten . . . . 6. eine Fotografie . . . .
7. eine Fabrik . . . . 8. eine Kirche . . . .

9. einen Einbrecher bei seinen Vorbereitungen ....
10. eine Landkarte ....

VI. vgl Z 24–25: Sie . . . *legten* eine Pause *ein.*

Das Verb *einlegen* hat – je nach Kontext – unterschiedliche Bedeutungen.

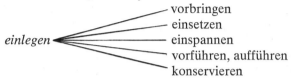

einlegen
- vorbringen
- einsetzen
- einspannen
- vorführen, aufführen
- konservieren

Welche Bedeutung hat das Verb „einlegen" in den folgenden Sätzen?

1. Hast du schon einen neuen Film in die Kamera eingelegt?
2. Wird zwischen den Theaterszenen ein Tanz eingelegt?
3. Wollen Sie wegen der Mieterhöhung wirklich Beschwerde einlegen?
4. Werden eigentlich an den Feiertagen Sonderzüge eingelegt?
5. Sind diese Gurken in Essig oder in Salzlauge eingelegt?
6. Wollte er für·dich nicht ein gutes Wort beim Chef einlegen?

4. Gitter-Geschichte

Der bekannte österreichische Verhaltensforscher Konrad Lorenz berichtet
in seinem Buch „So kam der Mensch auf den Hund" von der Bedeutung der
sogenannten ‚Fluchtdistanz‘: „Jedes Tier, vor allem jeder größere Säuger,
flieht vor einem überlegenen Gegner, sobald dieser sich über eine gewisse
5 *Entfernungsgrenze hinaus nähert . . . Mit derselben Regelmäßigkeit und*
Voraussagbarkeit, mit der ein Tier bei Unterschreitung der Fluchtdistanz
flieht, stellt es sich aber zum Kampfe, wenn der Feind sich ihm auf eine
ebenso bestimmte, viel kleinere Entfernung nähert." Er berichtet dann wei-
ter von der Bedeutung des Gitters oder Zaunes, der zwei Tiere voneinander
10 *trennt: „Das trennende Gitter wirkt nämlich wie eine dazwischenliegende*
Entfernung von vielen Metern: der Hund fühlt sich vor dem Feinde sicher
und ist dementsprechend mutig. Andererseits wirkt das Öffnen der Türe so,
als hätte sich der Gegner plötzlich die nämliche Strecke auf das Tier zu be-

wegt." Der Forscher bringt dann zur Illustration zwei Erlebnisse, von denen
15 hier das eine wiedergegeben wird:

Eine andere „Gitter-Geschichte" handelt von meinem alten Bully und seinem Feinde, einem weißen Spitz. Dieser bewohnte ein Haus, dessen lang-
gestreckter und schmaler Vorgarten gegen die zur Donau führende Dorfstraße von einem grünen Lattenzaun abgegrenzt war. Längs dieses etwa
20 dreißig Meter langen Zaunes pflegten die beiden Helden unter wütendem
Gebell hin und her zu galoppieren, wobei sie an den Wendepunkten kurz
anhielten und einander mit allen Gebärden und Lauten höchster Wut be-
drohten und beschimpften. Nun geschah jedoch eines Tages etwas für beide
Hunde Peinliches und Überraschendes: Der Zaun wurde gründlich überholt
25 und zu diesem Zweck teilweise fortgenommen. Die bergwärts liegenden
fünfzehn Meter waren noch da, die donauwärts gelegene Hälfte des Zaunes
fehlte. Nun kam ich mit meinem Bully vom Berg herab die Dorfstraße ent-
langgegangen. Der Spitz sah uns natürlich schon von weitem und erwartete
uns knurrend und zitternd vor Erregung in der obersten Ecke des Vorgar-
30 tens. Zunächst entspann sich, wie immer, ein stationäres Schimpfduell am
oberen Ende des Zaunes, dann aber rasten beide, diesseits und jenseits der
Latten, zu ihrem üblichen Frontgalopp los. Und nun geschah das Erschrek-
kende: sie rannten über die Stelle, von der ab der Zaun fehlte, hinaus und
bemerkten sein Fehlen erst, als sie in der unteren Ecke des Gartens, also
35 dort, wo ein neuerliches Schimpfduell vorgeschrieben war, hielten. Da standen nun die beiden Helden mit gesträubten Haaren und gefletschten Zäh-
nen und hatten keinen Zaun! Schlagartig verstummte ihr Bellen. Zögerten
sie? Überlegten sie? Nein. Wie *ein* Hund machten sie kehrt, rasten Flanke
an Flanke nach dem Teil des Gartens zurück, wo der Zaun noch stand, und
40 bellten wutbeflissen weiter.

Konrad Lorenz, *So kam der Mensch auf den Hund,* S. 145/146 der Originalaus-
gabe, 30.–31. Aufl. 1975, Verlag Dr. G. Borotha-Schoeler, Wien

Worterklärungen

das Gitter, - Abgrenzung eines Landstücks oder eines Käfigs, die aus Draht
oder Metallstäben besteht – **der überlegene Gegner** *hier:* der stärkere Gegner
– **die Fluchtdistanz, -en** eine bestimmte Entfernung zum Tier; kommt jd dem
Tier noch näher, so flüchtet es – **die nämliche Strecke** die gleiche Strecke – **der
Spitz, -e** Hunderasse, klein, mit spitzem Kopf – **der Lattenzaun, -̈e** eine Begren-
zung aus Brettern – **galoppieren** *hier:* schnell laufen – **die Gebärde, -n** Körperbe-
wegung, die etw ausdrückt – **etw Peinliches** etw Unangenehmes, Beschämendes –
etw gründlich überholen etw sorgfältig reparieren – **etw entspinnt sich** etw ent-

24

wickelt sich – **stationär** *hier:* an demselben Ort bleibend – **das Schimpfduell, -e** Zweikampf, bei dem sich beide beschimpfen – **der Held, -en** Heros; ein sehr mutiges Wesen (meist Mensch) – **gesträubte Haare** vor Erregung hochaufgerichtete Haare – **gefletschte Zähne** Zähne, die drohend gezeigt werden – **die Flanke, -en** *hier:* rechte oder linke Seite eines Säugetiers – **wutbeflissen** *hier:* die Hunde glauben weiterhin ihre Wut demonstrieren zu müssen

Fragen zum Text

I. Zum Verständnis

1. Was versteht man unter „Fluchtdistanz"?
2. Wie wirkt ein Gitter zwischen zwei Tieren auf diese beiden?
3. Wo spielte sich die Gitter-Geschichte ab? Zeichnen Sie einen Lageplan (Donau, Berg, Straße usw.).
4. Wie verhielten sich die beiden Hunde gewöhnlich?
5. Was wurde eines Tages an dem Zaun geändert?
6. Wie verlief die Begegnung der Hunde nach der Änderung am Zaun?
7. a) Warum bellten sich die Hunde an der unteren Ecke des Gartens nicht mehr an?
   b) Warum setzten sie ihr Gebell an der oberen Ecke fort?

II. Zur Erörterung

1. Lesen Sie die Aufgabe Nr. 3 auf S. 10. Beantworten Sie die Frage in Beziehung auf die „Gitter-Geschichte", und begründen Sie Ihre Antwort anhand des Textes.
2. Gibt es Gründe, in dem Text von K. Lorenz eine vermenschlichende Deutung eher zu akzeptieren als im Text „Intelligenzler unter Wasser"?
3. Wie unterscheidet sich die „Gitter-Geschichte" in der Darstellungsform vom Text „Der sechste Sinn der Vögel"?
4. Ziel der Verhaltensforschung ist, ein besseres Verständnis von Tier und Mensch zu gewinnen. Welchen Beitrag liefert dieser Text zum Verständnis von Tieren?
5. Liefert der Text auch einen Beitrag zum Selbstverständnis des Menschen? Begründen Sie Ihre Meinung.
6. Prüfen Sie unter diesem Aspekt auch andere Texte, z. B. „Lernklima und Lernerfolg" und „Von der kritischen Situation und dem kritischen Raum".

Übungen zum Text

I. Setzen Sie die fehlenden Endungen ein.

Der bekannt ..... österreichisch ..... Forscher Konrad Lorenz teilt Erstaunlich ..... über das Verhalten von Tieren mit. Sicher läßt sich daraus auch einig ..... Bedeutsam ..... für den Menschen ableiten. Mit derselb ..... Regelmäßigkeit, mit der ein Tier bei weiter ..... Entfernung vor einem gefürchtet ..... Gegner flieht, stellt es sich bei geringer ..... Entfernung zum Kampf. Ein trennend ..... Gitter wirkt wie ein dazwischenliegend ..... Abstand von viel ..... Metern .Dazu erzählt der Autor folgend ..... Geschichte: Zwei verfeindet ..... Hunde trafen sich täglich in der Nähe ein ..... Hauses, dessen langgestreckt ..... und schmal ..... Vorgarten gegen die zur Donau führend ..... Dorfstraße von ein ..... grün ..... Lattenzaun abgegrenzt war. Längs dies ..... etwa 30 Meter lang ..... Zaunes liefen die beid ..... feindlich ..... Hunde unter wütend ..... Gebell hin und her. Aber ein ..... Tages geschah etwas für beid ..... Tiere Peinlich ..... und Unerwartet ·.....: Ein groß ..... Teil des Zaunes war wegen ein ..... dringend ..... Reparatur weggenommen worden. Am ober ..... Ende des Gartens kam es zu dem üblich ..... Schimpfduell zwischen den beid ..... Hunden, aber als sie dann in ihr ..... blind ..... Zorn bis zur unter ..... Gartenecke gerannt waren, wo nichts Trennend ..... mehr zwischen ihnen stand, kehrten sie nach sekundenlang ..... Zögern um und erreichten nach kurz ..... Galopp wieder den schützend ..... Zaun.

II. Erklären Sie den Unterschied.

a) voraussagen (Z 6) – vorsagen

b) unterschreiten (Z 6) – überschreiten

III. vgl Z 24: Der Zaun wurde gründlich *überholt.*

Das Verb *überholen* hat – je nach Kontext – unterschiedliche Bedeutung.

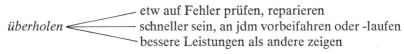

überholen — etw auf Fehler prüfen, reparieren
— schneller sein, an jdm vorbeifahren oder -laufen
— bessere Leistungen als andere zeigen

Welche Bedeutung hat „überholen" in den folgenden Verbindungen?

1. einen Zaun überholen 2. ein Auto in der Werkstatt ∼ 3. einen Bus auf der Autobahn ∼ 4. seine Klassenkameraden im Sport ∼ 5. beim Wettrennen alle anderen ∼

IV. vgl Z 37: Schlagartig verstummte ihr Bellen.

Erklären Sie die Bedeutung der Adjektive wie in den drei folgenden Beispielen.

schlagartig ⸺ wie durch einen Schlag (so plötzlich)
blitzartig ⸺ wie der Blitz (so schnell)
holzartig ⸺ wie Holz (aber es ist keines!)

1. ein teerartiger Straßenbelag 2. eine neuartige Bauweise 3. ein fremdartiges Aussehen 4. eine bösartige Krankheit 5. ein turmartiges Gebäude 6. ein explosionsartiger Knall 7. mit affenartiger Geschwindigkeit

Was sehen Sie auf dem Bild? (Lesen Sie nach Beantwortung dieser Frage weiter auf S. 28–29)

5. Sehen wir, was wir gerne sehen wollen?

Die amerikanischen Psychologen Bruner und Postman führten 1947 einen Versuch durch, der inzwischen als wichtiges Experiment in die Geschichte der Psychologie eingegangen ist: der sogenannte Münzversuch.

Die Forscher bildeten zwei Gruppen sechsjähriger Jungen. Die eine
5 Gruppe bestand aus Kindern der oberen sozialen Schicht, die andere aus Kindern der untersten sozialen Schicht, deren Eltern in Notwohnungen wohnten.

Die beiden Psychologen zeigten den Kindern nacheinander Münzen verschiedener Größe. Dann entfernten sie jedesmal die Münze, und die Kin-
10 der wurden aufgefordert, die vermutete Größe der Münze mit einem verstellbaren Lichtkreis einzustellen. Als Ergebnis stellte sich heraus, daß alle Kinder dazu neigten, die Geldmünzen in ihrer Größe zu überschätzen. Noch überraschender war jedoch der Vergleich zwischen den beiden Gruppen: Die Kinder aus den armen Familien sahen die Geldstücke deutlich
15 größer als die Kinder aus den reichen Familien.

Die Forscher nahmen dann statt der Geldmünzen Scheiben aus starkem Papier. Nun wurde die Größe im Durchschnitt richtig eingeschätzt.

Sehen wir also die Geldmünzen mit „anderen Augen" als Pappscheiben? Und sehen „Reiche" anders als „Arme"?
20 Verschiedene ähnliche Experimente beweisen tatsächlich: Wie, wann und was wir sehen, hängt davon ab, wer und was wir sind. Wir müssen uns dar-

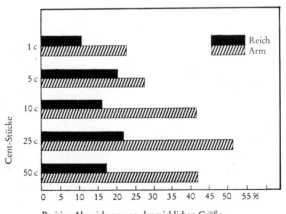

Arme Kinder sehen Münzen größer als reiche Kinder.

28

über klar sein: Der, der neben uns steht, kann – bei voller Aufrichtigkeit – ein und dasselbe Ereignis ganz anders sehen, als wir es tun würden *.

Nach: Werner v. Uslar, *Wahrnehmungsgestaltung durch soziale Einflüsse, Medizinischer Monatsspiegel* 3/73, E. Merck, Darmstadt

Worterklärungen

die Münze, -en Geldstück – **die Schicht, -en** *hier:* gesellschaftliche Klasse – **die Notwohnung, -en** schlechte Wohnung von armen Leuten – **der verstellbare Lichtkreis** *hier:* der runde Schein einer Lampe, den man größer oder kleiner einstellen kann – **zu etw neigen** die Tendenz haben zu – **die Scheibe, -n** *hier:* ein rundes Stück Pappe – **die Aufrichtigkeit** die Ehrlichkeit

Fragen zum Text

I. Zum Verständnis

1. Mit welchen Gruppen wurde der Münzversuch durchgeführt?
2. Welche Aufgabe wurde den Kindern gestellt?
3. Was war bei allen Kindern in gleicher Weise zu beobachten?
4. Worin unterschied sich das Versuchsergebnis der beiden Gruppen?
5. Welches Ergebnis brachte der zweite Teil des Versuchs?
6. Wodurch wird unser Sehen beeinflußt?

II. Zur Erörterung

1. Warum ist der Münzversuch als wichtiges Experiment in die Geschichte der Psychologie eingegangen?
2. Wie lassen sich die unterschiedlichen Ergebnisse des ersten und zweiten Teils des Experiments erklären?
3. Wie kommt es zu den verschiedenen Versuchsergebnissen bei den beiden Gruppen?
4. Beschreiben Sie Situationen des alltäglichen Lebens, in denen die Aussagen am Schluß des Textes eine Rolle spielen können!
5. Der griechische Philosoph Protagoras (480–411 v. Chr) sagt: „Wie alles einzelne mir erscheint, so ist es für mich, wie dir, so ist es für dich. Ein

---

* *Das Bild auf S. 27 läßt sowohl eine alte wie eine junge Frau erkennen. Was der einzelne zuerst sieht, hängt von seiner Voreinstellung ab.*

Vergleich zwischen dem, was dir, und dem, was mir erscheint, ist nicht möglich."

a) Was meint Protagoras mit dieser Aussage?
b) Wird diese Aussage durch den Münzversuch bestätigt? Begründen Sie Ihre Antwort mit dem Text.
c) Können Sie Beispiele aus Ihrer Erfahrung nennen, die zeigen, daß Beobachtungen doch vergleichbar (und damit objektiv?) sein können?

Übungen zum Text

I. Bilden Sie aus den unverbunden nebeneinanderstehenden Behauptungen wie im folgenden Beispiel Sätze mit „je – desto".

Die sozialen Unterschiede sind *groß*; die Lebensansichten sind *verschieden*.

Je *größer* die sozialen Unterschiede sind, **desto** *verschiedener* sind die Lebensansichten.

1. Die soziale Stellung der Eltern ist hoch; die Kinder haben gute Ausbildungschancen.
2. Die Umgebung, in der ein Kind aufwächst, ist ärmlich und häßlich; sein Wunsch nach Reichtum und Schönheit ist stark.
3. Die unbewußte Erwartung einiger Kinder war hoch; sie stellten den Lichtkegel groß ein.
4. Die häuslichen Verhältnisse der Kinder waren gut; die Anziehungskraft, die die Münzen auf sie ausübten, war schwach.
5. Die Gegenstände, die man den Kindern zeigte, waren wertlos; sie betrachteten sie gleichgültig.
6. Einer steht einem Objekt neutral gegenüber; er beobachtet scharf und genau.
7. Jemand ist sehr an einer Sache beteiligt; sein Urteil wird vom Gefühl abhängig.

II. Finden Sie Synonyme.

a) einen Versuch durchführen (Z 1–2) b) etw entfernen (Z 9) c) vermuten (Z 10) d) deutlich (Z 14) e) das Ergebnis (Z 11)

III. Erklären Sie aus dem Zusammenhang des Textes.

a) überschätzen (Z 12) b) die Scheibe (Z 16)

IV. Nennen Sie Antonyme.

1. Münzen *verschiedener* Größe – *Münzen einheitlicher Größe* ......
2. Kinder *unterschiedlichen* Alters – ....
3. eine Gruppe *interessierter* Schüler – ....
4. Jungen der *obersten* sozialen Schicht – ....
5. Geldstücke *geringen* Wertes – ....
6. eine Menge *theoretischer* Überlegungen – ....
7. die Auswertung *fehlerfreier* Ergebnisse – ....
8. das Resultat *vielseitiger* Bemühungen – ....
9. das Ergebnis *gründlicher* Untersuchungen – ....
10. die Bedeutung *exakter* Messungen – ....

V. vgl Z 3: . . . der in die Geschichte der Psychologie *eingegangen* ist.

Ersetzen Sie die Wendungen mit „eingehen" durch synonyme Ausdrücke.

1. Sie *ging* auf seinen Vorschlag *ein*. 2. Der Geschäftsmann *geht* einen Kaufvertrag *ein*. 3. Der Redner *geht* in seiner Rede auf das Problem der Arbeitslosigkeit *ein*. 4. Sie *ging* besonders intensiv auf ihre Nachbarin *ein*. 5. Die Verhandlungspartner *gingen* auf die Bedingungen *ein*. 6. Cäsar *ging* in die Geschichte *ein*. 7. *Gehst* du manchmal eine Wette *ein*? 8. Ich werde niemals eine Ehe *eingehen*. 9. In der Wirtschaftskrise im vorigen Jahre *gingen* viele Firmen *ein*. 10. Heute morgen *ist* Post *eingegangen*. 11. Bei der Kälte *gehen* viele Pflanzen und Tiere *ein*. 12. Viele Leute *gehen* hier *ein* und aus.

6. Lernklima und Lernerfolg

Professor Rosenthal von der Harvard-Universität ließ durch seine Mitarbeiter Experimente mit Ratten durchführen. Es handelte sich dabei um Versuche aus dem Bereich der Lernpsychologie: Die Ratten mußten lernen, in einem Labyrinth einen bestimmten Weg einzuhalten. Man weiß aus vielen
5 Tierversuchen, daß es dabei Tiere gibt, die sich geschickt, und andere, die sich weniger geschickt verhalten.

Rosenthal gab nun einigen Versuchsleitern Ratten, die er als besonders gelehrig hinstellte, und er gab anderen Versuchsleitern Ratten, die er als besonders dumm bezeichnete. In Wahrheit waren die Tiere jedoch alle
10 gleich. Rosenthal hatte sie wahllos aus ihren Käfigen herausgenommen.

Doch das Erstaunliche geschah: Die als intelligent bezeichneten Tiere lernten besser als die angeblich dummen! Nachfolgende Experimente bestätigten dieses Ergebnis und ließen den Zufall als Ursache nicht in Frage kommen. Wie kann man dies erklären?

15 Rosenthal kam durch genaue Beobachtungen bald zu einer Erklärung: Die Versuchsleiter, die die angeblich intelligenten Ratten hatten, waren zufriedener mit ihren Tieren, sie wandten sich ihnen intensiver und länger zu und faßten sie häufiger an als die Experimentatoren mit den angeblich dummen Tieren. Die freundlich behandelten Tiere konnten ihre Lernfähig-
20 keit durch diese Behandlungsart um einiges besser nutzen, da sie weniger frustriert waren als die anderen.

Dieser sogenannte „Rosenthal-Effekt" ist verständlicherweise nicht nur auf Ratten beschränkt, sondern zeigt sich auch in der Schule, besonders in den unteren Klassen: Kinder, die vom Lehrer als besonders intelligent ein-
25 geschätzt werden, weisen am Ende des Schuljahres einen bedeutend höheren Intelligenzquotienten auf.

Nach: Werner v. Uslar, *Wahrnehmungsgestaltung durch soziale Einflüsse, Medizinischer Monatsspiegel* 3/73, E. Merck, Darmstadt

Worterklärungen

der Bereich, -e das Gebiet – **das Labyrinth, -e** Gebäude mit vielen Gängen, aus denen man nur schwer den richtigen Weg nach draußen findet – **sich geschickt verhalten** *hier:* etw richtig, intelligent machen – **jdn als gelehrig hinstellen** von jdm sagen, daß er gut lernt – **der Käfig, -e** *hier:* Kasten, in dem die Tiere leben – **angeblich** wie man glaubt – **sich jdm zuwenden** *hier:* sich mit jdm beschäftigen – **frustriert sein** die Bedürfnisse von jdm sind nicht erfüllt; er ist enttäuscht

Fragen zum Text

I. Zum Verständnis

1. Welche Aufgabe wurde den Ratten im beschriebenen Versuch gestellt?
2. Welche Informationen gab Rosenthal den Versuchsleitern?
3. Welches Ergebnis erreichten die beiden Gruppen von Ratten?
4. Warum mußte das erste Experiment durch nachfolgende ergänzt werden?
5. Wie ist der unterschiedliche Lernerfolg zu erklären?
6. Was ist der „Rosenthal-Effekt"?
7. Wo kann man den Rosenthal-Effekt auch beobachten?

II. Zur Erörterung

1. Warum ist der Rosenthal-Effekt gerade bei jüngeren Schulklassen besonders deutlich zu beobachten?
2. Welches Verhalten würden Sie nach der Lektüre dieses Textes von einem Lehrer fordern?
3. Was sagt dieser Text über die Bedeutung von Vorurteilen aus?
4. Welche Lernleistungen anderer Tiere sind Ihnen bekannt?

Übungen zum Text

I. vgl Z 2–3: Es *handelte* sich dabei *um* Versuche aus dem Bereich der Lernpsychologie.

Jemand versteht den folgenden Bericht über das Rattenexperiment nicht richtig und fragt immer wieder nach: „Worum handelt es sich?".

Beantworten Sie die Frage und wählen Sie die passende Formulierung, je nachdem, worauf Sie den Schwerpunkt Ihrer Aussage legen wollen.

Ratten als Versuchstiere reagieren sehr verschieden auf die Behandlung durch Menschen.

Worum handelt es sich?
a) Es **handelt sich um** *Ratten,* die als Versuchstiere sehr verschieden auf die Behandlung durch Menschen reagieren.
(Schwerpunkt der Aussage liegt auf den von einem Nomen bezeichneten Personen, Gegenständen usw.)

b) Es **handelt sich darum, daß** *Ratten als Versuchstiere sehr verschieden auf die Behandlung durch Menschen reagieren.*
(Schwerpunkt der Aussage liegt auf dem vom Nebensatz ausgedrückten Geschehen.)

1. Ratten mußten lernen, einen bestimmten Weg einzuhalten.
2. Die Versuchsleiter fielen auf die Behauptung von Professor Rosenthal herein, daß einige Ratten klüger seien als andere.
3. Daraufhin behandelten die Versuchsleiter die angeblich intelligenteren Tiere besser als die angeblich dummen.
4. Frustrierte Tiere können nachweislich schlechter lernen als solche, die man freundlich behandelt.

5. Kinder in der Schule werden auch manchmal aus ähnlichen Gründen ungerecht behandelt.
6. Die Lehre aus diesen Tierversuchen sollte allen Erziehern eine Warnung sein.

II. Finden Sie Synonyme.

a) der Bereich (Z 3) b) das Experiment (Z 2) c) einen Weg einhalten (Z 4) d) aufweisen (Z 25–26)

III. Erklären Sie den Unterschied.

a) der Mitarbeiter (Z 1) – der Vorarbeiter
b) der Tierversuch (Z 5) – das Versuchstier
c) der Versuchsleiter (Z 7) – der elektrische Leiter – die Leiter

IV. vgl Z 22–23: Dieser sogenannte „Rosenthal-Effekt" ist *verständlicherweise* nicht nur auf Ratten beschränkt.

Setzen Sie das passende Adverb ein.

a) erstaunlicherweise b) gruppenweise c) beispielsweise d) normalerweise
e) verständlicherweise f) notwendigerweise

1. Professor Rosenthal verteilte Ratten .... an verschiedene Versuchsleiter.
2. Die Ratten sollten verschiedene Aufgaben lernen; sie mußten .... in einem Labyrinth einen bestimmten Weg einhalten.
3. Dabei stellte sich .... die Frage, ob alle Ratten diese Aufgabe in gleicher Weise und gleich schnell erlernen würden.
4. Die Versuchsleiter glaubten ...., daß die angeblich intelligenteren Tiere auch schneller lernen würden.
5. .... lernte die Gruppe der angeblich intelligenten Tiere tatsächlich besser als die Gruppe der angeblich dummen.
6. Dieser „Rosenthal-Effekt" zeigt sich .... in vielen anderen Situationen, z. B. in der Schule.

7. Vier Wochen ohne Fernsehen

Vor einiger Zeit drehten Berliner Publizistikstudenten für das ZDF (Zweites Deutsches Fernsehen) einen Film mit dem Titel „Vier Wochen ohne Fernsehen". Zwei Arbeiterfamilien hatten sich bereit erklärt, für einen Monat auf ihren Fernsehapparat zu verzichten, und die Studenten beobachteten mit
5 Hilfe eines Videogerätes an fünfzehn Abenden das ungewohnte Familienleben ohne Bildschirm.

Der Entzug des Fernsehens, so nahm man an, würde bei den Betroffenen „Einsicht in die beherrschende Rolle des Fernsehens während der Freizeit, im günstigsten Fall sogar Erkenntnisse über die Ursachen bestehender
10 Abhängigkeiten vermitteln". Das Ergebnis der Beobachtungen aber war: mit der neugewonnenen Freizeit vermochte keiner viel anzufangen. Schon am dritten Tag war von „furchtbarer Langeweile" zu hören. Man wisse wirklich nicht, was man an den Abenden noch tun solle. Es werde Zeit, so sagte am Ende der vier Wochen eine der Frauen mit tränenerstickter
15 Stimme, daß der Apparat wiederkomme. Ihr Mann nörgele, seit der Apparat aus dem Haus sei, immer häufiger an ihr herum; Streitigkeiten, die früher mangels Zeit gar nicht erst hatten ausgetragen werden können, seien nun an der Tagesordnung. Als dann nach vier Wochen das Fernsehgerät den Leuten zurückgegeben wurde, zeigten die beiden Familien Zeichen von sol-
20 cher Freude, wie sie bei der Rückkehr eines verlorenen Sohnes nicht hätte größer sein können.

Selten wurde die Abhängigkeit der Menschen vom Fernsehen so deutlich gemacht wie in dieser Sendung: Etwa zwei Stunden sieht der Bundesbürger täglich fern. Addiert man zu jener Zeit, die er nicht arbeitet, das Schlafen,
25 Essen und die Hausarbeit, dann wird deutlich, daß die Zeit, die kreativer Arbeit im weitesten Sinne gewidmet werden könnte, nahezu absorbiert wird. Somit ist das Fernsehen, obwohl in der Theorie nur *ein* Medium unter vielen, zu unvergleichbarer Bedeutung gelangt. Seine Funktion für die Menschen liegt jedoch nicht unbedingt in den Inhalten, die es vermittelt, sondern
30 in seiner bloßen Existenz. Wer die Funktion des Fernsehens nur darin sieht, Information, Unterhaltung und Belehrung zu vermitteln, greift zu kurz. Vielmehr wird es Ersatz für zwischenmenschliche Beziehungen, ein Ausgleich für die Entbehrungen des Alltags. Die Angst vor einem eigenen Leben weiß sich beruhigt von einem Medium, das den Menschen eine Identi-
35 tät borgt. Mit großer Selbstverständlichkeit haben die Zuschauer gelernt, sich in der zweiten Wirklichkeit des Fernsehens zurechtzufinden; die Fähigkeit, ihre eigene Realität noch zu beherrschen, ist ihnen darüber oft schon abhanden gekommen.

Nach: Michael Schwarze, *Vier Wochen ohne Fernsehen,*
Frankfurter Allgemeine Zeitung, 25. Februar 1976

Worterklärungen

der Entzug die Wegnahme – **die Betroffenen** *hier:* die beiden Arbeiterfamilien – **die Einsicht, -en** *hier:* das Verständnis – **vermitteln** *hier:* jdm zu etw verhelfen – **vermögen** können – **mit tränenerstickter Stimme** mit einer vom Weinen leisen Stimme – **an jdm herumnörgeln** wegen Kleinigkeiten mit jdm schimpfen – **austragen** *hier:* fortsetzen und bis zum Ende bringen – **an der Tagesordnung sein** täglich geschehen – **kreative Arbeit** Arbeit, bei der jd selbständig etw Neues hervorbringt – **widmen** *hier:* verwenden für – **nahezu** beinahe, fast – **absorbieren** *hier:* völlig verbrauchen – **das Medium, die Medien** *hier:* Mittel der Öffentlichkeitsarbeit wie Rundfunk, Zeitungen, Fernsehen – **vermitteln** *hier:* liefern – **bloß** nur, allein – **die Entbehrung, -en** *hier:* Leiden, Frustration – **borgen** leihen – **etw kommt jdm abhanden** jd verliert etw

Fragen zum Text

I. Zum Verständnis

1. Wie entstand der Film „Vier Wochen ohne Fernsehen"?
2. Welches Ergebnis erwarteten die Studenten bei den Familien, die einige Zeit auf das Fernsehen verzichten sollten?
3. Was passierte tatsächlich?
4. Warum wünschte eine der Frauen besonders dringend das Ende der Zeit ohne Fernsehen herbei?
5. Wodurch ist das Fernsehen zu so großer Bedeutung gelangt?
6. Welche Funktionen hat das Fernsehen häufig bekommen?
7. a) Welche problematischen Auswirkungen kann intensiver Fernsehkonsum bei dem Zuschauer haben?
   b) Welche Beispiele gibt es dafür im Text?

II. Zur Erörterung

1. a) Welche Vorteile hat das Fernsehen gegenüber anderen Massenmedien, z. B. Radio, Zeitung, Buch?
   b) Hat es auch Nachteile? Welche?
2. Während des Wahlkampfes 1976 in der Bundesrepublik Deutschland wurde gesagt, die Bundesrepublik Deutschland sei eine „Fernsehdemokratie". Wie können Sie sich die Aussage erklären?
3. Erörtern Sie allgemein – nicht nur im Hinblick auf deutsche Verhältnisse – die Rolle des Fernsehens für die Politik.
4. a) Worin sehen Sie die Vorteile bzw Nachteile des staatlichen Fernsehens (Beispiel: Frankreich) und des privaten Fernsehens (Beispiel: USA)?
   b) Wofür würden Sie sich entscheiden?

Übungen zum Text

I. Formen Sie die schräggedruckten nominalen Ausdrücke wie in folgendem Beispiel in einen Nebensatz um.

Die Studenten beobachteten *mit Hilfe eines Videogeräts* das häusliche Leben zweier Arbeiterfamilien. (. . . indem sie . . .)

Die Studenten beobachteten das häusliche Leben zweier Arbeiterfamilien, **indem sie ein Videogerät zu Hilfe nahmen.**

1. *Durch den Entzug des Fernsehens* sollten die Betroffenen ihre Abhängigkeit von diesem Medium erkennen. (Dadurch, daß man ihnen . . .)
2. Man hoffte, die Familien würden *die Ursachen bestehender Abhängigkeiten* erkennen. (. . ., warum sie . . . waren)
3. *Am Ende der vier Wochen* war man froh, den Fernseher wieder benutzen zu können. (Als . . .)
4. *Mangels Zeit* waren früher Streitigkeiten gar nicht ausgetragen worden. (Da man . . .)
5. *Nach der Rückgabe des Apparates* waren beide Familien glücklich. (Nachdem . . .)
6. Die Freude hätte *bei der Rückkehr eines verlorenen Sohnes* nicht größer sein können. (. . . hätte . . ., wenn . . .)
7. In dieser Sendung wurde *die Abhängigkeit der Menschen vom Fernsehen* erschreckend deutlich gemacht. (. . . deutlich gemacht, wie . . .)
8. Die Zeit *zu kreativer Arbeit* wird vom Fernsehen nahezu absorbiert. (. . ., die man . . .)
9. Die Funktion des Fernsehens liegt nicht ausschließlich *in Information, Unterhaltung und Belehrung.* (. . . nicht ausschließlich darin, daß . . .)
10. Es wird vielmehr Ersatz *für zwischenmenschliche Beziehungen.* (. . . für Beziehungen, die zwischen . . .)

II. Finden Sie Synonyme.

a) annehmen (Z 7) b) die Erkenntnis (Z 9) c) die Ursache (Z 9) d) die Bedeutung (Z 28) e) gelangen (Z 28) f) die Funktion (Z 28) g) etw beherrschen (Z 37)

III. Finden Sie Antonyme.

a) selten (Z 22) b) addieren (Z 24) c) die Theorie (Z 27) d) sich beruhigen (Z 34) e) die Realität (Z 37)

IV. Erklären Sie aus dem Zusammenhang des Textes die Bedeutung folgender Ausdrücke:

a) auf jdn/etw verzichten (Z 4) b) mit einer Sache etw anfangen (Z 11)
c) der verlorene Sohn (Z 20) d) zwischenmenschliche Beziehungen (Z 32)
e) der Ausgleich (Z 32–33)

V. a. Nennen Sie zu folgenden Wörtern das Verb im Infinitiv und seine Stammformen.
b. Bestimmen Sie die hier abgedruckten Formen.
a) bestehend (Z 9) b) wisse (Z 12) c) werde (Z 13) d) greift (Z 31)

VI. Ergänzen Sie die Fragen und geben Sie eine Antwort.

1. Wor . . . . . . wollten die beiden Familien verzichten? (Z 4)
2. Wo . . . . . . wußte niemand etwas anzufangen? (Z 11)
3. Wo . . . . . . war bereits am dritten Tag zu hören? (Z 12)
4. . . . . . . wem nörgelte der Ehemann herum, seit der Fernseher aus dem Haus war? (Z 16)
5. Wo . . . . . . wurde in diesem Versuch die Abhängigkeit der Menschen deutlich gemacht? (Z 18–21)
6. Wor . . . . . . besteht die Funktion des Fernsehens unter anderem? (Z 31)
7. Wo . . . . . . wird das Fernsehen häufig ein Ersatz und wo . . . . . . wird es ein Ausgleich? (Z 32–33)

VII. vgl Z 22–23: Selten wurde die Abhängigkeit . . . vom Fernsehen so *deutlich gemacht . . .*

Was macht der Versuch deutlich?

Beantworten Sie die Fragen, indem Sie wie im Beispiel die folgenden Sätze umformen.

> Die Menschen sind vom Fernsehen abhängig geworden.
>
> Was macht der Versuch deutlich?
>
> **Er macht deutlich,** wie abhängig die Menschen vom Fernsehen geworden sind.

1. Die Betroffenen vermißten das Fernsehen sehr.

2. Man langweilte sich ohne den Bildschirm abends furchtbar.
3. Alle sehnten sich nach der Rückgabe des Apparates.
4. Die Zeit für kreative Arbeit wird durch das Fernsehen weitgehend absorbiert.
5. Das Fernsehen wird Ersatz für zwischenmenschliche Beziehungen.
6. Den Menschen kommt die Fähigkeit abhanden, ihre eigene Realität noch zu beherrschen.

8. Er war ein Auto

Aus dem Reisetagebuch einer Schriftstellerin.

Zu einem Psychiater kamen verzweifelte Eltern mit ihrem Fünfjährigen, der plötzlich nicht mehr reden konnte, das Essen von Tellern und das Trinken aus Tassen verweigerte, eines Tages einen Gummischlauch anbrachte und bedeutete, man solle ihm Flüssiges durch den Schlauch in den Mund schüt
5 ten. Auch wollte er nicht mehr in seinem Bett schlafen, sondern vor dem Haus. Zugleich habe er einen Reinlichkeitswahn bekommen, ganz im Gegensatz zu früher, als er sich nie waschen lassen wollte; er putzte dauernd an sich herum.

Bei dem Gespräch zwischen Psychiater und Kind unter vier Augen ergab
10 sich: Der Bub wollte nichts anderes mehr sagen als „Brrbrrbrr". Auf jede
Frage antwortete er mit Brr, jedoch waren diese Brr's verschieden, so daß
der Psychiater erkannte, daß der Bub ihn recht wohl verstand.

Schließlich sagte der Psychiater: „Warum sagst du immer nur brrbrr, du
bist doch kein Auto!" Da begann der Bub unter heftigem BrrBrr durchs
15 Zimmer zu laufen. Es war klar: Er w a r ein Auto.

Aber wieso? Seine noch jungen und sportlichen Eltern waren Autonarren.
Sie hatten sich nach langem Sparen einen schicken Sportwagen gekauft, den
sie zum Mittelpunkt ihres Lebens machten. Er wurde gewaschen, poliert,
innen gesäubert, er wurde aufgetankt, inspiziert, gefahren, um ihn drehten
20 sich die Gespräche.

Das Kind, einziges Kind, fühlte sich unerlaubt vernachlässigt. Mit Recht.
Es litt, es war eifersüchtig, und es war genial: Die Krankheit des Kleinen
lenkte die Eltern von ihrem Wagen ab, das Kind wurde wieder Mittelpunkt
ihrer Sorgen.

25 Als ich das hörte, fiel mir mit Schrecken eine Szene aus dem Leben mit
meinen Kindern ein. (Ich schrieb es damals auf und lese es jetzt ab.) Christoph (vier Jahre alt) kniet auf dem Boden, vor ihm liegt Stephan (der kleine
Bruder, drei), er liegt regungslos und mit einem festgefrorenen Lächeln.
Christoph macht über ihm sonderbare halbkreisförmige Bewegungen mit
30 dem rechten Arm. Ich frage schließlich, was sie da täten. Christoph sagt:
„Das siehst du doch, ich blättere in einem Buch; in dem Buch ist Steffi drin,
aber ich muß so lange blättern, bis ich ihn finde."

Ich hatte kein Auto, ich hatte Bücher und schrieb Bücher. Mußte man ein
Buch sein, um mich zu interessieren? Ich hoffe, daß es nicht so war. Ich
35 meine eher (da ich immer ein enges gutes Verhältnis zu meinen Söhnen
hatte), daß sie in meiner Welt leben wollten.

Luise Rinser, *Er war ein Auto, Grenzübergänge,* © S. Fischer Verlag GmbH,
Frankfurt a. M. 1972

Worterklärungen

der Psychiater, - Arzt für seelische (psychische) Krankheiten – **verzweifelt** ohne
Hoffnung – **etw verweigern** *hier:* etw nicht tun wollen – **der Gummischlauch, ⸚e**
Röhre aus Gummi – **schütten** *hier:* gießen – **der Reinlichkeitswahn** starker
(krankhafter) Wunsch nach Sauberkeit – **etw ergibt sich** *hier:* etw wird klar –
der Bub, -en Junge – **der Autonarr, -en** Mensch, der verrückt nach Autos ist –
schick hübsch, elegant – **vernachlässigen** nicht genug beachten – **eifersüchtig sein**

auf jdn/etw neidisch sein – **jdn ablenken** *hier:* jdn von etw ab-, wegbringen –
regungslos ohne Bewegung – **in einem Buch blättern** die Seiten eines Buches umwenden

Fragen zum Text

I. Zum Verständnis

1. Warum suchten die Eltern den Psychiater auf?
2. Wie verlief das Gespräch zwischen Psychiater und Kind?
3. Wie fand der Psychiater die Erklärung für das Verhalten des Kindes?
4. Was hatte sich im Leben des Kindes geändert, bevor es sein Verhalten
   änderte?
5. Warum wird die Reaktion des Kindes „genial" genannt?
6. Wo sind die Parallelen zwischen dem beschriebenen Fall und der Szene
   aus dem Leben der Erzählerin?
7. Gibt es nach Meinung der Erzählerin Unterschiede?
   Teilen Sie ihre Meinung?

II. Zur Erörterung

1. Ursache und Symptome der seelischen Erkrankung des Kindes werden
   beschrieben, die Heilung nicht. Wie kann diese Ihrer Meinung nach erreicht werden?
2. Welche Vorteile bringt – ganz allgemein und unter normalen Verhältnis-
   sen – die Krankenrolle dem Erkrankten?

III. Zur Anlage des Textes

1. Formulieren Sie für jeden Abschnitt eine Überschrift!
2. Welche Abschnitte lassen sich zusammenfassen? Mit welchen Überschriften?
3. Können Sie den Text in zwei große Abschnitte einteilen? Welche? Begründen Sie Ihre Einteilung, indem Sie den Inhalt und den Stil berücksichtigen.
4. Fassen Sie zusammen: Nach welcher gedanklichen Ordnung ist der Text
   aufgebaut? Machen Sie eine Gliederung und verwenden Sie dazu die ge-
   fundenen Überschriften!

Übungen zum Text

I. a) Suchen Sie im Text Beispiele von direkter und indirekter Rede.
  b) Entwerfen Sie in Form eines Dialogs (direkte Rede) das Gespräch zwischen Eltern und Psychiater, und spielen Sie die Szene.
  c) Nach längerer Beobachtung des Jungen steht für den Psychiater die Diagnose fest. Was würden Sie an seiner Stelle den Eltern sagen? Spielen Sie die Szene.
  d) In einer medizinischen Fachzeitschrift müßte der Fall des kleinen Jungen in indirekter Rede geschildert werden. Ergänzen Sie:
    1. Zu dem bekannten Psychiater X. kamen Eltern mit ihrem fünfjährigen Jungen und berichteten, . . .
    2. Zum Erstaunen der Eltern hatte der Junge darum gebeten, daß . . .
    3. Sie berichteten außerdem, . . .
    4. Nach längerer Untersuchung teilte der Psychiater den Eltern mit, . . .
    5. Er erklärte ihnen, . . .

II. Finden Sie Synonyme.

a) sonderbar (Z 29) b) unter vier Augen (Z 9)

III. Erklären Sie:

a) auftanken (Z 19) b) ein gutes Verhältnis zu jdm haben (Z 35) c) genial (Z 22) d) inspizieren (Z 19)

IV. Erklären Sie den Bedeutungsunterschied.

a) waschen (Z 18) – putzen (Z 7) – polieren (Z 18)
b) knien (Z 27) – hocken

V. vgl Z 2: . . . der plötzlich nicht mehr reden konnte.

a) Welche Verben des Sagens finden Sie im Text?

b) Ordnen Sie die folgenden Verben in das Schema ein:
  rufen, brüllen, sprechen, murmeln

leise ⟵——————————————————————⟶ *laut*

flüstern				schreien	

VI. vgl Z 2–3: das Essen *von* Tellern und das Trinken *aus* Tassen.

Setzen Sie die Präposition und – wenn nötig – den Artikel ein.

1. ...*im*...... Bett schlafen
2. .... Couch liegen
3. .... Sessel oder
   .... Stuhl sitzen
4. .... Ecke stehen
5. .... Universität
   studieren
6. .... Uni gehen
7. .... Post angestellt
   sein
8. .... Straße spielen
9. etw .... Regal stellen
10. etw .... Bücher-
    schrank nehmen
11. .... Platz der
    Republik wohnen
12. .... Platz herum-
    laufen

13. .... Wald, aber
    .... Feld arbeiten
14. etw .... Kanne
    .... Tasse gießen
15. etw .... Teller legen
16. .... Fenster
    .... Straße schauen
17. .... Gebirge wandern
18. .... Berg steigen
19. .... Stadt arbeiten,
    aber .... Land
    wohnen
20. .... Insel Sylt Ferien
    machen
21. .... Bahnhof fahren
22. .... Schweiz leben
23. .... Italien fliegen
24. .... Türkei fahren

VII. vgl Z 29: halbkreis*förmige* Bewegungen

-*förmig* ⎯ mit einer bestimmten Form
-*artig* ⎯ in einer bestimmten Art
-*weise* ⎯ auf eine bestimmte Art und Weise [nur als Adverb!]
-*haltig* ⎯ einen bestimmten Stoff enthaltend
-*fest* ⎯ gegen bestimmte Einflüsse unempfindlich
-*dicht* ⎯ so, daß ein bestimmter Stoff o. ä. nicht hindurchdringt

Setzen Sie das richtige Suffix mit der richtigen Endung ein. (Manchmal sind zwei Lösungen möglich.)

1. in ellipsen .... Bahnen verlaufen 2. bei schweren Krankheiten morphium .... Medikamente verschreiben 3. eine mineral .... Quelle 4. anders .... Meinungen 5. fett .... Speisen vermeiden 6. eine luft .... Verpackung 7. anstelle von Holz ein holz .... Material verwenden 8. gift .... Chemikalien verschließen 9. nur tropfen .... einnehmen 10. zu einer brei .... Masse verrühren 11. zwangs .... zum Militär einberufen werden 12. ein spülmaschinen .... Geschirr 13. ein glas ...., aber bruch .... Material 14. reihen-

.... umfallen 15. gleich .... Bewegungen 16. eine neu-
.... Behandlungsmethode 17. eine krisen .... Geld-
anlage 18. eine un .... Gestalt 19. Eier dutzend ....
verkaufen 20. den Anzug probe .... anziehen 21. eine feuer-
.... Tür einsetzen 22. salz .... Essen 23. säure ....
Flaschen 24. birnen .... Glasbehälter 25. ein leder ....
.. Plastikmaterial 26. ein wasser .... Regenmantel

9. Das Experiment von Yale

Der Sozialpsychologe Stanley Milgram sprach auf den Straßen von New
Haven Männer im Alter von zwanzig bis fünfzig Jahren an und bat sie, an
einem Experiment teilzunehmen. Er plane eine sehr wichtige Studie über
die Wirkung von Strafen auf Menschen mit schlechtem Gedächtnis. Auf-
5 traggeber sei die Universität Yale. Milgram fand ohne Schwierigkeiten genügend Teilnehmer.
Er erklärte den Teilnehmern, daß die eine Hälfte Schüler, die andere
Lehrer spielen solle. Die Schüler nahmen auf einer Art elektrischem Stuhl
Platz, um eine Reihe von vorbereiteten Gedächtnisfragen zu beantworten.
10 Die Lehrer sollten jede falsche Antwort ihres Schülers mit einem elektrischen Schock von zunehmender Intensität bestrafen. Die Schaltapparatur,
die den elektrischen Schock auslöste, registrierte dreißig verschiedene Voltstärken von 15 bis 450 Volt. Auf der Skala stand an einem Ende die Bezeichnung „leichter Schock", am anderen „Gefahr, schwerer Schock". Vor
15 Versuchsbeginn erhielten die „Lehrer" einen Probeschock von 45 Volt, um
sie von der Echtheit des Experiments zu überzeugen. Die „Schüler" hingegen wußten, daß ihnen nichts passieren konnte. Sie wurden aber angehal-
ten, Schock und Schmerz je nach Voltstärke, die der „Lehrer" ihnen bei-
bringen würde, zu imitieren. Die „Lehrer" konnten ihre „Schüler" durch
20 eine Glaswand während des Experiments beobachten. Perfektes Schreien
und Stöhnen war zuvor auf Tonbänder aufgenommen worden und wurde je
nach Stärke des Stromstoßes entsprechend abgespielt.
Bei jeder falschen Antwort erhöhte der „Lehrer" auftragsgemäß die
Schockdosis. Ab 75 Volt begann sein „Schüler" zu stöhnen und zu jammern,
25 nach 180 Volt bettelte er um Gnade, ab 300 Volt verstummte sein Schreien.
65 % der „Lehrer" gehorchten dem ihnen bis dahin völlig unbekannten

Versuchsleiter trotz der glaubhaft wiedergegebenen Schreie und Proteste der Opfer. Und sie schreckten in ihrem Gehorsam auch nicht vor der höchsten Schockdosis zurück.

30 Sobald die Opfer zu schreien begannen, wurden alle „Lehrer" nervös. Viele schauten weg, hörten aber dennoch mit den Schocks nicht auf. Einer äußerte sich besonders abfällig über die Unmenschlichkeit des Versuchsleiters und die Sinnlosigkeit des ganzen Experiments – und schockte weiter.

Die „Lehrer" waren keineswegs sadistisch veranlagt. Nach eingehender
35 Befragung und psychologischen Tests erwiesen sie sich vielmehr als freundliche, gutmütige, gesetzestreue Staatsbürger, die niemandem etwas zuleide getan hatten.

Nach: *Aggression – Das Yale-Experiment, Warum,* 10/75, A. Theobald Verlag, Hamburg

Worterklärungen

die Intensität *hier:* Stärke der elektrischen Spannung – **registrieren** anzeigen – **die Skala, Skalen** *hier:* Tafel, die die verschiedenen Voltstärken angibt – **hingegen** jedoch, aber – **stöhnen** vor Schmerz laut atmen – **auftragsgemäß** so, wie der Auftrag gegeben worden ist – **die Schockdosis, -dosen** Stärke des Schocks – **jammern** mit Worten oder Lauten seinen Schmerz zeigen – **um Gnade betteln** *hier:* um Befreiung bitten – **das Opfer, -** derjenige, dem etw Böses angetan wird und der das hilflos erleiden muß – **sich abfällig äußern** von „oben herab" etw oder jdn kritisieren – **sadistisch veranlagt sein** von Natur aus so sein, daß man sich am Schmerz anderer freut – **eingehend** genau, gründlich – **jd erweist sich als** jd zeigt sich als

Fragen zum Text

I. Zum Verständnis

1. Wozu lud Stanley Milgram Straßenpassanten in New Haven ein?
2. Welche Aufgabe bekamen die Teilnehmer?
3. Wie war die Schaltapparatur der „Lehrer" eingerichtet?
4. Welche Meinung hatten die „Lehrer" von der Wirkung ihrer Apparatur? Warum?
5. Wie wurden die „Lehrer" während des Experiments von der Wirkung des Schocks überzeugt?
6. Wie reagierten die „Schüler" auf die Schocks?
7. Wie verhielten sich die „Lehrer" während des Experiments?
8. Welche Charaktereigenschaften hatten die „Lehrer"?

II. Zur Erörterung

1. Worin sehen Sie die Bedeutung des Experiments?
2. a) Wie könnte man das Verhalten der „Lehrer" erklären?
   b) Welche Erklärung bietet der Text an?
3. Kennen Sie Verhaltensweisen, die sich mit der der „Lehrer" vergleichen lassen?
4. Glauben Sie, daß die Ergebnisse des Experiments als allgemein gültig angesehen werden können?

Übungen zum Text

I. Der folgende Text bringt fast nur Hauptsätze; die einzelnen Aussagen stehen oft unverbunden nebeneinander.
Sie können Zusammenhänge deutlicher machen, indem Sie Haupt- und Nebensätze bilden. Bilden Sie – je nach Zusammenhang – Relativsätze, Sätze mit „obwohl", „daß" oder „denn".

1. Man darf bestimmte Experimente nicht zulassen.
2. Die Experimente könnten für die Versuchspersonen gefährlich werden.

Man darf bestimmte Experimente, **die für die Versuchspersonen gefährlich werden könnten,** nicht zulassen.

Die Teilnehmer an dem Experiment von Yale wurden vorher genau unterrichtet. Einige von ihnen sollten „Lehrer" sein, andere „Schüler". | Am wichtigsten war die Rolle der „Lehrer". Sie sollten die „Schüler" mit Stromstößen bestrafen. | Man hatte den „Schülern" insgeheim gesagt: „Ihnen wird nichts passieren." | Die „Lehrer" bedienten eine Schalttafel. Darauf waren Stromstärken von 15–450 Volt angezeigt. | Schon ein Versuchsschock von 45 Volt verursachte den „Lehrern" Schmerzen. Man wollte mit diesem Schock die Echtheit des Experiments beweisen. | Trotzdem erhöhten die „Lehrer" die Schockdosis bis über 300 Volt. Die „Schüler" waren den „Lehrern" ganz unbekannt. Sie hatten gegen sie keine Haßgefühle. | Die „Lehrer" folgten in blindem Gehorsam den Anordnungen des Versuchsleiters. Sie konnten die Reaktion der „Schüler" hinter der Glaswand beobachten. | Bei nachfolgenden Tests stellte es sich heraus: Die Versuchspersonen waren sich über ihr Verhalten selbst nicht im klaren. Die meisten von ihnen waren gutmütige und gesetzestreue Bürger. | Warum der Test so ausfiel, müssen die Psychologen erklären. Sie haben das Experiment veranlaßt.

II. Finden Sie Synonyme.

a) teilnehmen an (Z 3) b) das Gedächtnis (Z 4) c) zurückschrecken (Z 28 –29)

III. Nennen Sie Antonyme.

a) Platz nehmen (Z 8–9) b) zunehmend (Z 11) c) die Echtheit (Z 16)

IV. Erklären Sie den Bedeutungsunterschied, evtl mit Hilfe eines Beispielsatzes:

a) die Studie (Z 3) – das Studium – das Studio
b) der Auftraggeber (Z 4–5) – der Arbeitgeber
c) nervös (Z 30) – nervlich
d) gutmütig (Z 36) – mutig – übermütig

V. Erklären Sie die folgenden Ausdrücke.

a) jdn ansprechen (Z 1–2) b) der elektrische Stuhl (Z 8) c) die Schaltapparatur (Z 11) d) der Probeschock (Z 15) e) jdn überzeugen (Z 16) f) verstummen (Z 25) g) gesetzestreu (Z 36) h) jdm etw zuleide tun (Z 36–37)

VI. Ergänzen Sie wie in den beiden folgenden Beispielen die jeweilige Präposition, die im Text verwendet wurde. Bilden Sie dann die entsprechende Frage zu dieser Textstelle.

1. Milgram sprach ... *auf* .... den Straßen von New Haven Männer an. (vgl Z 1)
   Wo sprach Milgram Männer an?
2. Er plante angeblich eine Studie .. *über* ..... die Wirkung von Strafen auf bestimmte Menschen. (vgl Z 3)
   Worüber plante er eine Studie?

1. Er sprach Männer im Alter .... zwanzig .... fünfzig Jahren an.
2. Sie sollten .... einem Experiment teilnehmen.
3. Die Lehrer sollten die falschen Antworten .... einem elektrischen Schock bestrafen.
4. Auf der Skala stand .... einem Ende die Bezeichnung „leichter Schock".
5. Der Probeschock sollte die „Lehrer" .... der Echtheit des Experiments überzeugen.

6. Das Stöhnen war .... Tonbänder aufgenommen werden.

7. .... jeder falschen Antwort erhöhte der „Lehrer" die Schockdosis.

8. Nach 180 Volt bettelte der „Schüler" .... Gnade.

9. Die Lehrer schreckten nicht .... der höchsten Schockdosis zurück.

VII. vgl Z 27: trotz der *glaubhaft* wiedergegebenen Schreie ...

Setzen Sie das richtige Adjektiv mit der richtigen Endung ein.

a) lebhaft b) namhaft c) schauderhaft d) glaubhaft

1. Das Experiment wurde von dem .... Psychologen Stanley Milgram durchgeführt.

2. Die Schüler sollten die Schmerzen .... imitieren.

3. Die Schmerzensäußerungen wurden um so ...., je höher die Voltstärke eingestellt wurde.

4. Viele Menschen waren über diese Versuche empört und fanden sie ....

VIII. vgl Z 3: ... an einem Experiment *teilzunehmen*

Bilden Sie Sätze mit dem Verb „teilnehmen" wie in folgendem Beispiel.

> ein psychologischer Versuch – Überraschungen erleben
>
> Wer **an** einem psychologischen Versuch **teilnimmt, muß damit rechnen,** große Überraschungen zu erleben.

1. eine Ballonfahrt – ins Wasser fallen 2. eine Schiffsreise – seekrank werden 3. ein Fest – spät nach Hause kommen 4. eine Hochzeit – ?
5. ein Protestmarsch – ? 6. eine Parteiversammlung – ?
7. eine Bergtour – ?

10. Die „kritische Situation" und der „kritische Raum"

Jedes Individuum, gleichgültig, ob es für sich allein lebt oder in einer Gruppe, verlangt einen bestimmten Raum zum Leben. Wenn die Zahl der Individuen in diesem Raum durch Zuwanderung oder Vermehrung steigt, so kommt irgendwann der Moment, wo der individuell benötigte Lebensraum
5 nicht mehr allen Individuen zur Verfügung steht. Wir sprechen dann von der „kritischen Situation".

Dieser Begriff soll an einem Beispiel erläutert werden:

In der Nordsee lebt eine Art von Krebsen mit dem lateinischen Namen Hyas araneus. Dieses Tier hat keine Haut wie die Säugetiere, sondern einen

Hyas araneus, auf deutsch: Seespinne

10 „Panzer". Wenn das Tier wächst, so wächst dieser Panzer nicht mit; es muß sich häuten, das heißt, es wirft den alten Panzer ab. Der vor der Häutung gebildete neue Panzer ist aber noch mehrere Tage lang weich und kann von den Scheren und Mundwerkzeugen der Artgenossen zerstört werden.

Der Krebs häutet sich in seinem Leben mehrere Male. Nach jeder Häu-
15 tung ist das Tier also in Gefahr, von den eigenen Artgenossen überfallen und gefressen zu werden; das heißt – wenn die Artgenossen den sich häu-tenden Krebs wahrnehmen. Er muß bestrebt sein, nicht bemerkt zu werden. Da der Krebs sich nicht verstecken kann, muß er alle Artgenossen in seiner Nähe so weit wegjagen, daß sie sich außerhalb seines Wahrnehmungsberei-
20 ches befinden. (Modell des Präventivkrieges) Dieser für den Krebs zum Leben notwendige Raum ist der sogenannte „kritische Raum".

Bei diesem Tier wird der kritische Raum durch die Sinnesorgane be-stimmt. Wir sprechen daher, weil es sich um sensitive Organe handelt, von einem „sensitiven Raum". Es gibt andere Tiere, deren kritischer Lebens-
25 raum durch andere Erscheinungen bestimmt wird, etwa durch Klima oder

Hygiene; man spricht dann vom „klimatischen" oder „hygienischen Lebensraum".

Wichtig ist die Feststellung, daß ein Zusammenrücken der einzelnen Individuen über den im kritischen Raum festgelegten Abstand hinaus zur Vernichtung der Individuen führt.

30

Nach: W. Schäfer, *Der kritische Raum,* Waldemar Kramer Verlag, Frankfurt 1971

Worterklärungen

die Zuwanderung, -en das Hinzukommen in einen bestimmten Raum – **erläutern** erklären – **das Säugetier, -e** Tier, das lebendige Junge zur Welt bringt, die die Milch der Mutter saugen – **der Panzer, -** *hier:* feste Schale aus Chitin und Kalk – **bestrebt sein** sich bemühen – **wegjagen** wegtreiben – **der Wahrnehmungsbereich** Gebiet, das man mit den Sinnen (z. B. Auge, Ohr, Nase) erreichen kann – **das Organ, -e** Körperteil mit einer bestimmten selbständigen Funktion – **das Sinnesorgan, -e** *z. B. das Auge, das Ohr usw* – **die Hygiene** *hier:* Sauberkeit – **das Zusammenrücken** Näherung – **der Abstand, ̈e** Distanz – **die Vernichtung, -en** *hier:* Tod

Fragen und Aufgaben zum Text

I. Zum Verständnis

1. Was versteht man unter der „kritischen Situation"?
2. Warum muß sich der Hyas araneus häuten?
3. Welche Gefahr entsteht durch die Häutung für den Krebs?
4. Wie kann der Krebs dieser Gefahr entgehen?
5. Was versteht man unter dem „kritischen Raum"?
6. Ist der kritische Lebensraum bei allen Lebewesen von den gleichen Bedingungen abhängig?
   Warum (nicht)?
7. Was geschieht, wenn der durch den kritischen Raum bestimmte Abstand nicht beachtet wird?

II. Zur Erörterung

1. a) Läßt sich der Begriff des „kritischen Raums" und der „kritischen Situation" auch auf das menschliche Zusammenleben anwenden?

50

b) Womit könnte man – wenigstens im Prinzip – das Verhalten des Krebses vergleichen?

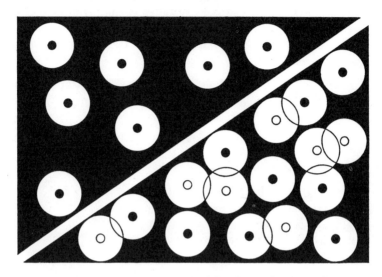

In diesem Schema sind die einzeln lebenden Individuen als schwarze Punkte dargestellt. Sie sind umgeben von ihrem „kritischen Raum". Oben: die hier lebenden Individuen können sich so verteilen, daß sich ihre kritischen Räume nicht überschneiden. Unten: Die Zahl der Individuen hat sich so vergrößert, daß sich die kritischen Räume von einigen überschneiden. Eines der beiden Individuen wird dann jeweils vernichtet.

III. Zur Anlage des Textes

1. Untersuchen Sie, welche Aufgabe jeder Abschnitt im Zusammenhang des Textes hat.
2. Welche Abschnitte gehören eng zusammen? Warum?
3. Vergleichen Sie die Darstellungsweise dieses Textes mit dem Text „Gittergeschichte" (S. 23)
   Stellen Sie Unterschiede und Gemeinsamkeiten fest.
4. Schreiben Sie nach dem Beispiel dieses Textes eine kurze wissenschaftliche Darstellung über den Begriff „Fluchtdistanz". Verwenden Sie die Informationen aus der „Gitter-Geschichte".

Übungen zum Text

I. Der folgende Text wirkt mit seinen vielen Relativsätzen schwerfällig. Sie können ihn eleganter, flüssiger gestalten, wenn Sie aus einigen Relativsätzen Partizipialkonstruktionen bilden
Bilden Sie um wie in folgendem Beispiel. Überlegen Sie von Fall zu Fall, welche Form stilistisch besser ist.

Jedes Individuum, *das allein oder in einer Gruppe lebt,* braucht einen bestimmten Raum für seine Existenz.

Jedes allein oder in einer Gruppe lebende Individuum braucht einen bestimmten Raum für seine Existenz.

Jedes Lebewesen benötigt einen Raum, *der seinen Lebensgewohnheiten entspricht.* Bei einer Vermehrung, *die rasch steigt,* kommt es zu einer unerträglichen Verengung des Lebensraums und damit zur kritischen Situation. Eine Krebsart, *die in der Nordsee vorkommt,* soll hier als Beispiel stehen. Wenn ein solcher Krebs seinen Panzer, *der nicht mitwächst,* abgeworfen hat, ist er in einer gefährlichen Lage, weil der Panzer, *der sich neu bildet,* zunächst sehr weich ist, so daß es vorkommen kann, daß der Krebs, *der sich häutet,* von seinen Artgenossen, *die in der Nähe leben,* gefressen wird. Er braucht also einen Raum, *der ihm allein zur Verfügung steht,* und muß alle anderen Krebse, *die sich in seinem Wahrnehmungsbereich befinden,* so weit wie möglich wegjagen. Der Krebs, *der sich gegen die Angriffe seiner Artgenossen wehrt,* verteidigt auf diese Weise den Lebensraum, *der ihm zusteht.* Wenn aber nicht mehr für alle Individuen genug Platz vorhanden ist, kommt es zu einem Kampf, wobei der jeweils Schwächere von dem Gegner, *der mit mehr Kraft und Geschick kämpft,* besiegt wird.

II. Nennen Sie Antonyme.

a) die Zuwanderung (Z 3) b) notwendig (Z 21) c) in Gefahr (Z 15)

III. Erklären Sie den Bedeutungsunterschied, evtl. mit Hilfe von Beispielen:

a) die Haut (Z 9)   – der Panzer (Z 10)
b) die Scheren (Z 13)   – die Mundwerkzeuge (Z 13)
c) die Vermehrung (Z 3)   – die Vervielfältigung
d) das Organ (Z 23)   – der Organismus
e) das Klima (Z 25)   – das Wetter

IV. Erklären Sie aus dem Zusammenhang des Textes.

a) wegjagen (Z 19) b) zur Verfügung stehen (Z 5) c) der Artgenosse (Z 15)

V. Tiere und Menschen leben in Gemeinschaften, zum Beispiel in einer „Gruppe" (vgl Z 2).

Ordnen Sie die folgenden Gruppennamen den verschiedenen Menschen- oder Tiergruppen zu. (Manchmal sind mehrere Lösungen möglich.)

a) die Meute b) der Schwarm c) das Rudel d) die Rotte e) die Horde f) die Schar g) die Herde h) die Bande

1. ein .... *Rudel* .... Wölfe
2. eine .... Schafe
3. ein .... Vögel
4. eine .... fröhlicher Kinder
5. eine .... bellender Jagdhunde
6. eine .... von Dieben und Gangstern
7. eine .... Halbwüchsiger

VI. vgl Z 11: er *wirft* den alten Panzer *ab*

Das Verb „werfen" läßt sich mit verschiedenen Präfixen verbinden.

Setzen Sie in die folgenden Sätze das passende Verb in der grammatisch richtigen Form ein. Erklären Sie die Bedeutung des Verbs im jeweiligen Zusammenhang des Satzes.

a) einwerfen b) entwerfen c) sich überwerfen d) umwerfen e) unterwerfen f) verwerfen g) vorwerfen

1. Der Forscher .... den alten Plan und ....
   .... einen neuen.
2. Jedes Tier ist bestimmten Lebensbedingungen ....
3. Vergiß nicht, den Brief in den Kasten ....
4. Ein unerwartetes Ereignis hat seinen alten Plan ....
5. Der Professor .... ihm ....,
   er habe die Versuche nicht sorgfältig genug vorbereitet.
6. Seitdem sie sich wegen der Erbschaft .... haben, gehen sie sich aus dem Weg.

Probleme
der Industriegesellschaft

II. Auspuffgase – vom Winde verweht

Nicht die Tanker, die ihre Ölrückstände ins Meer pumpen, und auch nicht die Erdölraffinerien an den Küsten sind es, die alle Ozeane langsam so verschmutzen, daß sie absterben, sondern vor allem die Kraftfahrzeuge auf dem Festland.

5   Diese überraschende Feststellung machte Professor Jacques Piccard, der bekannte Tiefseeforscher, als Berater der Weltkonferenz über Umweltverschmutzung in Stockholm. Berichte, die für diese Konferenz verfaßt wurden, bringen den Beweis:

Tanker pumpen jährlich etwa eine Million Tonnen Ölrückstände ins
10 Meer. 1,8 Millionen Tonnen leiten die küstennahen Ölraffinerien hinein,
und rund fünf Millionen Tonnen Mineralöle gelangen mit den Flüssen aus
dem Inneren der Kontinente in die See. Die Kraftfahrzeuge aber liegen mit
nicht weniger als acht Millionen Tonnen weit an der Spitze der Meeresverschmutzer.
15   Die ölhaltigen Abgase gelangen mit den Luftströmungen zu den Ozeanen. Dort vernichtet die auf das Wasser sinkende Ölschicht große Mengen
Plankton, das Sauerstoff erzeugen soll. Weiter dient es dazu, als unterste
Stufe der großen Nahrungskette die Fische und damit indirekt auch den
Menschen zu ernähren.
20   Professor Piccard bestätigte, daß im Meeresplankton bereits riesige
Mengen krebserzeugender Substanzen gefunden werden, die auf dem Umweg über die Fische in den menschlichen Organismus gelangen.
Abschließend meinte Professor Piccard, die ungeheuren Umweltpro-
bleme ließen sich wahrscheinlich nur nach einem völligen Umdenken von
25 Industrie und Verbraucher bewältigen: „Uns fehlt eine neue Philosophie
der Gesellschaft, eine Philosophie, die den Götzen Konsum von seinem
Sockel stürzt und die Dinge wieder einfacher gestaltet."

Nach: Erwin Schumacher, *Fuldaer Zeitung,* 8. Juni 1975

Worterklärungen

Vom Winde verweht *Anspielung auf den Titel des bekannten Romans v. M.
Mitchell „Vom Winde verweht" („Gone with the wind")* – **die Auspuffgase** (pl.)
Gase, die im Automotor entstehen und abgeleitet werden – **der Tanker, -** Schiff,
das Flüssigkeiten, z. B. Öl, transportiert – **der Ölrückstand** Ölrest – **etw verfassen**
etw schreiben – **an der Spitze liegen** den anderen voraus sein – **das Plankton**
mikroskopisch kleine Lebewesen im Meer – **die Nahrungskette, -n** alle Lebewesen, die sich voneinander ernähren, bilden eine Reihe – **die krebserzeugende Sub-
stanz, -en** Stoff, der die gefährliche Krankheit Krebs (Cancer) hervorbringt – **der
Umweg, -e** der nicht direkte Weg – **etw bewältigen** mit Erfolg lösen, beenden –
der Götze, -n falscher Gott – **der Sockel, -** Unterbau z. B. für eine Statue, Figur –
gestalten *hier:* machen

Fragen zum Text

I. Zum Verständnis

1. Was berichtete Professor Piccard auf der Weltkonferenz für Umweltverschmutzung in Stockholm?
2. Was ist das Überraschende an Professor Piccards Feststellung?

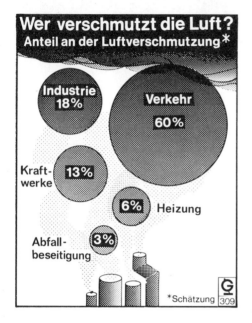

Wer verschmutzt die Luft?
Anteil an der Luftverschmutzung*

Industrie 18%
Verkehr 60%
Kraftwerke 13%
6% Heizung
Abfallbeseitigung 3%

*Schätzung 309

3. Wie werden die Meere mit Öl verschmutzt?
4. Wie können Kraftfahrzeuge auf dem Festland die Ozeane verschmutzen?
5. Was geschieht im Meerwasser, das von einer Ölschicht bedeckt wird?
6. Welche Funktionen hat das Plankton?
7. Was ist eine Nahrungskette?
8. Welche Gefahr ist mit der Verschmutzung des Planktons verbunden?
9. Was schlägt Professor Piccard als Lösung der Umweltprobleme vor? Erklären Sie seine Aussage!

II. Zur Erörterung

1. Stimmen Sie Professor Piccards Meinung zu (vgl letzter Abschnitt)?
   Lassen sich durch den Sturz des „Götzen Konsum" die Umweltprobleme lösen?
2. Welche neuen Probleme ergeben sich, wenn in Zukunft in den Industriestaaten weniger konsumiert würde?
   Welche Interessen würden in Konflikt geraten?
3. Welche realistischen Möglichkeiten sehen Sie, das Leben einfacher zu gestalten?

„Durst?" – „Unsinn – ich suche Luft zum Atmen!"

© Chicago Sun-Times

56

Übungen zum Text

I. Setzen Sie die folgenden Präpositionen (bzw Präpositionalgefüge) mit Genitiv sinnvoll ein. (Manchmal sind mehrere Lösungen möglich.)

a) angesichts b) anhand c) anläßlich d) aufgrund e) im Sinne f) infolge g) mit Hilfe h) mangels i) ungeachtet j) zugunsten

1. .... der Weltkonferenz über Umweltverschmutzung in Stockholm referierte Professor Jacques Piccard .... von Berichten, die für diese Konferenz verfaßt worden waren, über die Verschmutzung der Ozeane durch Kraftfahrzeuge.
2. .... der riesigen Ölraffinerien an den Küsten und .... ausreichender Möglichkeiten, das verbotene Ablassen von Ölrückständen ins Meer zu verhindern, glaubte man zunächst die Hauptschuldigen für die Ölverschmutzung der Ozeane zu kennen.
3. Aber .... neuerer Untersuchungen stellte Piccard fest, daß die Kraftfahrzeuge mit acht Millionen Tonnen jährlich an der Spitze liegen.
4. .... der Luftströmungen gelangen die ölhaltigen Abgase der Autos ins Meer, wo die ins Wasser sinkende Ölschicht große Mengen Plankton vernichtet, das seinerseits .... seines hohen Eiweißgehalts zur Ernährung der Fische beiträgt.
5. .... der sich verschlechternden Welternährungslage ist das ein ernstes Problem.
6. .... neueren Zahlenmaterials bestätigte Piccard einen weiteren Verdacht, daß nämlich .... der Ölverschmutzung der Meere krebserregende Stoffe vom Plankton über die Fische auf die Menschen übertragen würden.
7. .... dieser Erkenntnisse forderte Piccard, daß der individuelle Konsum .... einer bescheideneren Lebenshaltung eingeschränkt werde, ... der wirtschaftlichen Schwierigkeiten, die dadurch zunächst eintreten könnten.

II. Finden Sie Synonyme.

a) die Feststellung (Z 5) b) erzeugen (Z 17) c) abschließend (Z 23) d) der Konsum (Z 26)

III. Nennen Sie Antonyme.

a) sinken (Z 16) b) riesig (Z 20)

IV. Erklären Sie den Unterschied, evtl. mit Hilfe eines Beispielsatzes:

a) absterben (Z 3) – aussterben
b) die Stufe (Z 18) – die Treppe
c) der Organismus (Z 22) – die Organisation

V. vgl Z 21–22: ..., die auf dem Umweg über die Fische in den menschlichen Organismus *gelangen.*

Suchen Sie andere Sätze mit dem Verb „gelangen" im Text, und ersetzen Sie „gelangen" durch ein passendes Verb.

VI. Das Verb „gelangen" kann in Zusammenhang mit bestimmten Ergänzungen aktivische oder passivische Bedeutung haben:

Beispiele: *ans Ziel gelangen*	– den Punkt erreichen, zu dem man kommen wollte
zur Aufführung gelangen	– öffentlich gezeigt, gespielt werden (z. B. ein Theaterstück, eine Oper)

a. Setzen Sie in die folgenden Sätze die richtigen Wendungen ein.
b. Umschreiben Sie die Bedeutung der Wendungen im jeweiligen Kontext.

a) zu Ansehen gelangen b) zur Erkenntnis ∼ c) zum Abschluß ∼ d) in den Besitz ∼ e) zur Überzeugung ∼ f) ans Ziel ∼ g) zur Aufführung ∼

1. Professor Piccard gelangte ...., daß die Kraftfahrzeuge an der Spitze der Meeresverschmutzer liegen.
2. Der bekannte Tiefseeforscher war .... gelangt, daß die Umweltprobleme sich nur durch ein Umdenken von Industrie und Verbraucher bewältigen lassen.
3. Alle fragten sich, wie der Journalist .... der Information gelangen konnte.
4. Die Untersuchungen, die seit den Feststellungen des Forschers auch von anderer Seite gemacht werden, sind bis jetzt noch nicht .... gelangt.
5. Demnächst wird ein Theaterstück über dieses Thema .... gelangen.
6. Erst am Ende seines Lebens gelangte der Künstler .... und Ruhm.
7. Er war damit .... seiner Wünsche gelangt.

VII. vgl Z 26–27: . . ., die den Götzen Konsum von seinem Sockel *stürzt* . . .

Das Verb *stürzen* hat je nach Kontext unterschiedliche Bedeutungen.

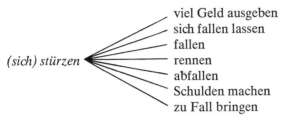

(sich) stürzen
- viel Geld ausgeben
- sich fallen lassen
- fallen
- rennen
- abfallen
- Schulden machen
- zu Fall bringen

*Ersetzen Sie die schräg gedruckten Wörter durch den passenden synony-
men Ausdruck.*

1. Die Regierung wurde *gestürzt.*
2. Sie *stürzte* erschrocken ans Fenster.
3. Die Felsen *stürzen* hier steil ins Meer.
4. Das Kind *stürzte* vom Balkon.
5. Der Verzweifelte *stürzte* sich von der Brücke in die Tiefe.
6. Der Kaufmann hat sich *in Schulden gestürzt.*
7. Für seine Party hat er sich *mächtig in Unkosten gestürzt.*

12. Baumsterben durch Auftausalze

Daß grüne Pflanzen, insbesondere Bäume, nicht nur dem Sauerstoffmangel,
sondern auch der Luftverschmutzung entgegenwirken, ist seit längerer Zeit
bekannt. Besonders wichtig ist diese Umweltschutzfunktion der Bäume an
verkehrsreichen Straßen innerhalb unserer Städte.

5   In den letzten Jahren aber hat sich in vielen deutschen Städten der Gesundheitszustand der Straßenbäume schlagartig verschlechtert. Viele Gemeinden melden bereits bei jedem zweiten Straßenbaum eine erkennbare
Schädigung. Wenn wir dieser Erkrankung, die sich in einem vorzeitigen
Gelbwerden der Blätter äußert, nicht sofort mit allen Mitteln Einhalt ge-
10 bieten, wird in zehn bis zwanzig Jahren an keiner Hauptverkehrsstraße
mehr ein älterer Straßenbaum stehen. Das müßte sich jedoch sehr negativ
auf das Wohlbefinden der Passanten sowie auf den Gesundheitszustand der
Anlieger auswirken.

*Bäume in der Stadt
ohne genügend große
Atem- und Bewässe-
rungsfläche für die
Baumwurzeln*

Die Erkrankung ist auf die Streuung der Fahrbahnen und Gehsteige mit
15 Stein- bzw. Siedesalz (NaCl) während des Winters zurückzuführen. Die
Streuung ist aber aus Gründen der Verkehrssicherheit notwendig, und es gibt
auch keine Auftaustoffe, die bei gleicher Wirksamkeit und Wirtschaftlichkeit biologisch unschädlicher sind als dieses Salz.

Wir wissen ferner, daß bestimmte Bäume (z. B. Roßkastanie und Ahorn,
20 teilweise auch Lindenbäume) dieser Krankheit gegenüber besonders empfindlich sind; andere Baumarten (z. B. Platanen, Eiche, Esche und Rot-
buche) verhalten sich relativ resistent. Man wird also in Zukunft in den
Städten hauptsächlich diese resistenten Arten verwenden müssen.

Eine Möglichkeit, den Gesundheitszustand der Bäume zu verbessern, be-
25 steht darin, die Atemfläche der Baumwurzeln, also den nicht asphaltierten
Platz rund um den Baumstamm, auf mindestens vier bis sechs Quadratmeter zu vergrößern. Auch eine regelmäßige Düngung und verstärkte Be-
wässerung der Baumwurzeln ist notwendig.

Unter diesen Voraussetzungen könnte man erreichen, daß ein Straßen-
30 baum ohne sichtbare Schädigungen bleibt, wenn die Fahrbahnen pro Winter
mit insgesamt nicht mehr als einem Kilogramm Salz auf den Quadratmeter
bestreut werden. Das reicht für die Verkehrssicherheit vollkommen aus.
Tatsächlich ist aber in den zurückliegenden Wintern das Zwei- bis Fünffache
dieser Menge gestreut worden.

Nach: U. Ruge, *Umschau in Wissenschaft und Technik,* 2/72, S. 60–61

Worterklärungen

die Auftausalze (pl) Salze, die Schnee und Eis schmelzen, auftauen – **die Gemeinde, -n** Ort (Stadt, Dorf) mit einer eigenen Verwaltung – **schlagartig** auf einmal, plötzlich – **etw/jdm Einhalt gebieten** etw/jdn anhalten, stoppen – **das Wohlbefinden** Gesundheit, guter Allgemeinzustand – **der Anlieger, -** der an dieser bestimmten Straße Wohnende – **ferner** auch noch – **die Streuung, -en** gleichmäßige Verteilung eines Stoffes auf einer Fläche – **die Düngung, -en** *dem Boden werden Stoffe beigegeben, die für das Wachstum von Pflanzen wichtig sind* – **resistent** *hier:* unempfindlich, nicht beeinflußbar

Fragen zum Text

I. Zum Verständnis

1. Welche besondere Rolle spielen Bäume an verkehrsreichen Straßen in Städten?
2. Welche Erscheinung ist bei vielen dieser Bäume seit mehreren Jahren zu beobachten?
   Welche Folgen kann sie haben?
3. Was ist die Ursache für die Erkrankung der Bäume?
4. Warum verwendet man Steinsalz als Streumaterial?
5. Welche Erkenntnisse wird man in Zukunft beim Pflanzen von Bäumen in Städten beachten müssen?
6. Was kann man weiter tun, um die Bäume in den Straßen zu erhalten?
7. Was müßte bei der Streuung beachtet werden, um die Bäume gesund zu erhalten?
8. Würde die neue Art der Streuung die Verkehrssicherheit in Frage stellen?

II. Zur Erörterung

1. a) Welche Gefahren bringt die Luftverschmutzung mit sich?
   b) Wie kann man ihr entgegenwirken?
2. Der Text beschreibt ein einfach zu lösendes Umweltproblem. Welche Probleme sind größer und schwerer zu lösen?
3. a) Welche Umweltprobleme gibt es in Ihrem Heimatland?
   b) Was wird zu ihrer Lösung getan?
4. a) Umweltprobleme hat es schon immer gegeben. Seit einiger Zeit werden sie von den Industrienationen mehr und mehr beachtet und ihre Lösung meist pessimistisch beurteilt. Warum?
   b) Halten Sie den Pessimismus für berechtigt?

Übungen zum Text

I. Setzen Sie in die untenstehenden Sätze die jeweils passenden Appositionen ein.

Grüne Pflanzen, ..., wirken nicht nur dem Sauerstoffmangel, sondern auch der Luftverschmutzung entgegen.

Grüne Pflanzen, **insbesondere Bäume,** wirken nicht nur dem Sauerstoffmangel, sondern auch der Luftverschmutzung entgegen.

a) zum Beispiel: Roßkastanien, Ahorn oder Linden
b) zumal in den verkehrsreichen Zentren der Großstädte
c) NaCl, Stein- bzw. Siedesalz
d) der nicht asphaltierte Platz rund um den Baumstamm
e) nämlich ein Fünftel
f) vor allem der Passanten und Anwohner stark befahrener Straßen
g) resistente Baumarten
h) einen Schaden, der sich im vorzeitigen Gelbwerden der Blätter äußert

1. In den letzten Jahren hat sich in den deutschen Städten, ...
. . . .
. . . ., der Gesundheitszustand der Bäume
schlagartig verschlechtert.
2. Es handelt sich um eine Baumkrankheit, ...
. . . .
. . . .
3. Das Absterben der Bäume wird sich negativ auf das Wohlbefinden der
Menschen, ...
. . . ., auswirken.
4. Schuld daran ist die Tatsache, daß die Straßen während des Winters mit
Salz, ...
. . . ., bestreut werden.
5. Besonders empfindliche Bäume, ...
. . . ., werden in einigen Jahren in den Großstädten nicht mehr zu finden sein.
6. Dagegen wird man Platanen, Eichen, Eschen und Rotbuchen, ...
. . . .
. . . . . ., häufiger anpflanzen.
7. Außerdem ist darauf zu achten, daß die Atemfläche der Baumwurzeln,
. . . .
. . . . . ., auf mindestens 4 bis 6 m² vergrößert wird.

8. Um die Verkehrssicherheit zu garantieren, genügte ein Bruchteil, ...
....,
der bisher ausgestreuten Salzmenge.

II. Finden Sie Synonyme.

a) der Gehsteig (Z 14) b) hauptsächlich (Z 23) c) ausreichen (Z 32)

III. Nennen Sie Antonyme.

a) der Mangel (Z 1) b) verschlechtern (Z 6)

IV. Erklären Sie die folgenden Ausdrücke aus dem Zusammenhang des Textes.

a) die Umweltschutzfunktion (Z 3) b) vorzeitig (Z 8) c) der Passant (Z 12) d) die Wirtschaftlichkeit (Z 17) e) asphaltiert (Z 25)

V. Welcher Ausdruck paßt zu welchem Satz? Setzen Sie das richtige Wort ein.

a) die Gemeinde (Z 6–7) b) die Allgemeinheit c) die Gemeinschaft
1. Die .... ist für die Sicherheit der Straßen innerhalb ihrer Grenzen selbst verantwortlich.
2. Die Menschen, die alle das gleiche Interesse an einem Umweltschutzproblem hatten, schlossen sich zu einer .... zusammen.
3. Der Schutz unserer Umwelt liegt im Interesse der ....

a) der Anlieger (Z 13) b) die Anlage c) das Anliegen
1. Die .... der Hicksdorfer Allee forderten die Wiederbepflanzung ihrer Straße mit Bäumen.
2. Die .... und Parks der Stadt werden von Gärtnern betreut und gepflegt.
3. Die Reinerhaltung der Luft ist unser aller ....

a) die Wirksamkeit (Z 17) b) die Wirklichkeit c) die Verwirklichung
1. Die .... der geplanten Grünanlagen erfordert erhebliche finanzielle Mittel.
2. So liest man es, aber die .... sieht ganz anders aus.
3. Die .... der neuen Maßnahmen ist erst in ein, zwei Jahren festzustellen.

a) die Streuung (Z 14) b) die Zerstreuung c) die Zerstreutheit

1. In seiner .... zog der Professor zwei verschiedenfarbige Schuhe an.
2. Theaterveranstaltungen und Tanzvergnügen sorgten für die ....
.... der Gäste.
3. Die .... dieses Kunstdüngers darf nur bei trockenem Wetter erfolgen!

13. Auch Musik kann krank machen

Mund und Augen kann der Mensch gegen störende „Einflüsse" von außen verschließen, die Ohren aber nicht. Und so sind wir ungeschützt dem fast pausenlosen Lärm ausgesetzt, der von Motoren, Maschinen und Lautsprechern auf uns einströmt.

5 Jeder weiß, wie Verkehrslärm und ratternde Baumaschinen „auf die Nerven gehen" können. Aber auch den Schallwellen der Konservenmusik – so genannt, weil sie auf Schallplatten und Tonbändern wie eine Konserve aufgehoben wird – ist der Städter oft hilflos ausgeliefert. Fast von überall her dringt Musik auf ihn ein: in Kantinen, Supermärkten und vielen Restau-
10 rants.

Daß nicht nur der Lärm in Fabriken, sondern auch Musik gesundheitsschädigend sein kann, beweisen Untersuchungen von Wissenschaftlern, die sich mit der Wirkung der Musik in „Beatschuppen" beschäftigt haben. Dort wird Popmusik über Lautsprecher und Klangverstärker produziert, die allen
15 anderen Krach übertönt. Eine Folge davon: Viele achtzehnjährige Jugendliche haben heute nur noch das Hörvermögen von Achtzigjährigen.

Weitere Folgen stellt ein Nervenarzt fest: Im Beatkeller übt die lautstark gespielte Musik Wirkungen auf das vegetative Nervensystem, Befinden und Verhalten aus. Es gibt Reaktionen, die man im selben Augenblick beobach-
20 ten und messen kann, in dem jemand das Dröhnen von Rock oder Beat über sich ergehen läßt: Die Musik, insbesonders der Rhythmus der Schallreize, beeinflußt Pulsschlag und Tempo der Atmung des Menschen. Schädigungen treten dann auf, wenn die Musik nicht mehr als angenehmes Stimulans, sondern als lästige Ruhestörung empfunden wird. Durch Gehörswahrneh-

64

mungen werden Reaktionen im Körper ausgelöst, die auf die Dauer zu folgenden Erscheinungen führen können:

krankhafte Veränderungen der Blutgefäße,

Magen- und Darmgeschwüre,

Kreislaufstörungen mit dem Risiko des Herzinfarkts,

30 Konzentrationsschwäche, Aggressionen und Neurosen.

All diese Beobachtungen und Erkenntnisse zum Thema „musikalische Umweltverschmutzung" fordern, daß diese als Gefahr erkannt und bekämpft wird. Die UNESCO hat sich im Rahmen eines internationalen Forschungsprogramms dieses Problems angenommen. Es ist Zeit, nicht nur Abgase, 35 Staub und Unrat, Industrieabwässer und auslaufendes Öl als Umweltverschmutzung zu bekämpfen, sondern auch das Chaos der Schallwellen.

Nach: Lutz Lesle, *Auch Beat kann krank machen, Die Zeit*

Worterklärungen

jdm/etw ausgesetzt sein jdm/etw nicht entfliehen können – **einströmen** *hier:* etw fließt wie ein Strom auf jdn/etw zu – **rattern** Lärm machen durch kurze, harte Schläge – **ausgeliefert sein** ausgesetzt sein *(s. o.)* – **die Kantine, -n** Eßraum in einem Betrieb – **vegetativ** vom Bewußtsein nicht kontrollierbar – **das Befinden** der Zustand eines Menschen, Tieres – **der Schallreiz, -e** Einwirkung der Töne auf die Nerven – **das Stimulans, die Stimulantien** anregendes, belebendes Mittel – **lästig** unangenehm – **etw auslösen** etw in Bewegung setzen – **Geschwür, -e** „Ulcus"; *ein gefährliches Geschwür ist Krebs (cancer)* – **der Herzinfarkt, -e** oft tödliche Herzerkrankung – **die Neurose, -n** psychische Störung – **im Rahmen** in den Grenzen – **UNESCO** *Sonderorgansiation der UNO zur Zusammenarbeit auf den Gebieten der Erziehung, Wissenschaft und Kultur* – **der Unrat** Müll, Schmutz

Fragen zum Text

I. Zum Verständnis

1. Warum können wir durch Lärm besonders stark gestört werden?
2. Von welchen Lärmquellen sind z. B. Städter umgeben?
3. Wo kann Lärm gesundheitsschädigend sein?
4. Welche Schäden hat man bei jugendlichen Beat-Hörern festgestellt?
5. Welche Reaktionen kann man während der Musikdarbietungen bei den Zuhörern feststellen?

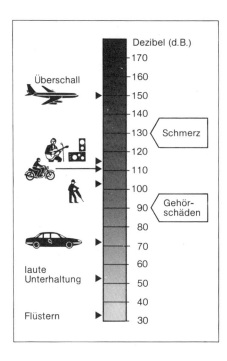

6. Wann können sich Schäden bei den Zuhörern einstellen?
7. In welchem größeren Problemkreis muß man die Lärmbelästigung sehen?

II. Zur Erörterung

1. Welche Funktion hat die Musik z. B. im Supermarkt?
2. Welche Wirkungen auf Menschen hat die Musik schon immer gehabt? Suchen Sie Beispiele aus verschiedenen Bereichen!
3. Was haben Technik und Industrie damit zu tun, daß Musik zu einer Gefahr für die Gesundheit werden kann?
4. Die UNESCO will sich des Problems der Musik in Überlautstärke annehmen. Was könnte sie tun?
5. Was könnten Ihrer Meinung nach das Gesundheitsministerium und die Gemeinden eines Landes in Beziehung auf dieses Problem tun?

Übungen zum Text

I. Beantworten Sie die untenstehenden Fragen wie im Beispiel. Verwenden Sie dabei eine der drei folgenden Ausdrucksmöglichkeiten:

a) nicht nur . . ., sondern auch
b) nicht bloß . . ., sondern vielmehr
c) nicht allein . . ., sondern vor allem auch

(Die beiden Möglichkeiten b) und c) wirken besonders hervorhebend.)

Ist der Städter nur dem Lärm der Maschinen und Motoren hilflos ausgeliefert? (auch der Krach, der aus den Lautsprechern dringt)

Nein, er ist **nicht nur** dem Lärm der Maschinen und Motoren hilflos ausgeliefert, **sondern auch** dem Krach, der aus den Lautsprechern dringt.

1. Hört man Beatmusik nur dort, wo man es selbst wünscht? (auch in Kauf-
häusern, Kantinen, Restaurants und Taxis)
2. Wird Musik nur als angenehmes Stimulans empfunden? (auch als lästige
Ruhestörung)
3. Kann nur der Lärm in Fabriken gesundheitsschädigend sein? (auch die
überlaute Musik in den Beatschuppen)
4. Wird nur das Hörvermögen der Jugendlichen durch die laute Musik beeinflußt? (auch das vegetative Nervensystem, was sich auf ihr Befinden
und Verhalten auswirkt)
5. Werden durch das Anhören lautverstärkter Musik nur angenehme Reaktionen im Körper ausgelöst? (auch krankhafte Veränderungen, wie zum
Beispiel Kreislaufstörungen und Magengeschwüre)
6. Warnen nur Ärzte vor allzu lauter Musik? (auch Umweltschützer und
Verhaltensforscher)
7. Sollte die UNESCO in ihrem Programm nur Abgase, Staub und Müll bekämpfen? (auch die „musikalische Umweltverschmutzung")
8. Kann man nur mit gutem Zureden die gesundheitsgefährdenden Gewohn-
heiten der jungen Leute ändern? (auch mit vernünftigen gesetzlichen Re-
gelungen)

II. Finden Sie Synonyme.

a) produzieren (Z 14) b) der Krach (Z 15) c) das Hörvermögen (Z 16)
d) beeinflussen (Z 22) e) empfinden (Z 24) f) sich eines Problems annehmen (Z 33–34) g) das Chaos (Z 36)

III. Erklären Sie:

a) auf die Nerven gehen (Z 5–6) b) der Beatschuppen (Z 13) c) die Popmusik (Z 14) d) übertönen (Z 15) e) die Gehörswahrnehmung (Z 24)
f) das Forschungsprogramm (Z 33) g) das Abgas (Z 34) h) der Staub (Z 34)

*IV. 1. Welche Geräte benötigen Sie zum Abspielen von Schallplatten und
anderen Tonträgern?*
*2. Welche Musikinstrumente kennen Sie? Ordnen Sie nach Blas-, Saiten-
und Schlaginstrumenten!*
*3. Im Text ist von Rock- und Beatmusik die Rede. Welche anderen Musik-
arten kennen Sie?*

V. vgl Z 7–8: . . ., weil sie . . . wie eine Konserve *aufgehoben wird.*

Das Verb *aufheben* hat – je nach Kontext – unterschiedliche Bedeutungen.

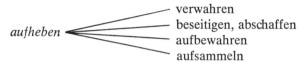

aufheben
- verwahren
- beseitigen, abschaffen
- aufbewahren
- aufsammeln

Beantworten Sie die Fragen, und verwenden Sie dabei den passenden synonymen Ausdruck zu „aufheben"!

1. Würden Sie alte Beatplatten aufheben?
2. Sind Sie der Meinung, daß die Todesstrafe überall aufgehoben werden sollte?
3. Würden Sie Papier, das sie nicht mehr brauchen, das Ihnen aber versehentlich auf die Straße gefallen ist, wieder aufheben?
4. Wo heben Sie wichtige Dokumente auf?

VI. vgl Z 25–26: . . ., die *zu* folgenden Erscheinungen *führen* können.

Beantworten Sie die Fragen wie in folgendem Beispieldialog.

> **„Wozu kann** es **führen,** wenn Menschen längere Zeit starkem Verkehrslärm ausgesetzt sind?"
> Das **kann zu** Nervosität **führen.**"
> „Wozu?"
> „Das **kann dazu führen, daß** die Menschen nervös werden."

1. Wozu kann es führen, wenn man dem Rhythmus der Schallreize ausgesetzt ist?
2. Wozu kann es führen, wenn Menschen längere Zeit starkem Maschinenlärm ausgesetzt sind?
3. Zu welchen Erscheinungen führt die überlaute Musik in Beatschuppen bei vielen Achtzehnjährigen?
4. Zu welchen Erkrankungen führt übermäßig laute Beatmusik nach den Feststellungen eines Arztes?

14. Die alles erdrückende Autobevölkerung

Der bekannte amerikanische Architekt Victor Gruen macht sich Gedanken über den ständig wachsenden Autoverkehr in den Städten. In seinem Aufsatz nehmen die Autos gleichsam eine Individualität an; er nennt sie in ihrer Gesamtheit „Autobevölkerung" im Gegensatz zu der „menschlichen
5 *Bevölkerung".*

Die Wachstumsrate der Autobevölkerung in den Großstädten steigt schneller als die der menschlichen. Der Raum, den ein Auto für sich beansprucht, ist zwanzigmal so groß wie der, den ein Mensch einnimmt. Außerdem muß man den Platz bedenken, der für die Herstellung eines Autos
10 nötig ist (Autoindustrie), den es braucht, um einen menschlichen Genossen zu finden (Verkaufs- und Wiederverkaufsstätten), den es für seine Unterbringung verlangt (Garagen und Parkplätze), für Gesundheits- und Schönheitspflege (Reparaturwerkstätten, Waschanlagen), für seine Verpflegung (Tankstellen) und schließlich für die Beisetzung nach dem Tode (Autofried-
15 höfe). So ist es kaum ein Scherz, wenn man sagt, daß die Autobevölkerung die Menschen aus der Stadt zu verdrängen beginnt. Aber längst hat das Auto begonnen, auch mit seinesgleichen um Raum zu kämpfen: um die Vorfahrt, um den letzten freistehenden Parkplatz, um jeden Meter, den es sich im Verkehrsgewühl voranschiebt.
20   Unter der Herrschaft des Autos haben die Städte ihre Gestalt verändert. Die Vorstädte, die sich früher entlang den öffentlichen Verkehrsverbindungen radial nach außen als geschlossene Wohnbezirke entwickelt haben, beginnen zu zerfallen, seitdem sich der eigene Wagen als Beförderungsmittel der Massen durchgesetzt hat und jeder jeden Punkt in der Landschaft leicht
25 erreichen kann.
    Das Stadtzentrum aber ist zu einer unwohnlichen Umgebung geworden, unwirtlich für die Menschen, unbequem und häßlich. Die menschlichen Wohnstätten liegen darin wie Enklaven im Herrschaftsbereich des Autos, zwischen Straßen und Parkplätzen. Das freie und ungehinderte Leben in der
30 Innenstadt stirbt langsam ab, so wie das Innere eines Baumes vermodert. Der Bedeutungsverlust des Stadtzentrums wirkt sich nicht nur wirtschaftlich aus, er schwächt auch die kulturellen und geistigen Impulse, die von ihm ausgehen, und damit das kulturelle und geistige Leben im gesamten Stadtgebiet.

Nach: Viktor Gruen, *Stuttgarter Zeitung*, 9. Dezember 1972

Worterklärungen

die Wachstumsrate, -n Zahl, die die Höhe des Wachstums angibt – **etw beanspruchen** etw haben wollen, brauchen – **die Beisetzung, -en** Beerdigung; *man beerdigt einen Toten* – **der Friedhof, ̈e** Platz, wo Tote beerdigt werden – **der Scherz, -e** Spaß – **jdn aus etw verdrängen** jdm in etw keinen Raum mehr lassen – **das Verkehrsgewühl** Durcheinander im Verkehr – **die Gestalt** *hier:* Form – **radial** vom Zentrum nach allen Richtungen führend – **unwohnlich** unangenehm zum Wohnen – **unwirtlich** nicht gastfreundlich – **die Wohnstätte, -en** *(poet.)* Wohnung – **die Enklave, -n** Gebiet, das von einem andersartigen Gebiet eingeschlossen ist – **ungehindert** nicht eingeengt – **vermodern** langsam verfaulen, zerfallen – **der Impuls, -e** Anstoß, Anregung

Fragen zum Text

I. Zum Verständnis

1. Welche Rolle spielen die Autos nach Aussage von Victor Gruen?
2. An welchen Beispielen wird diese Rolle der Autos deutlich gemacht?
3. Was hat diese Rolle der Autos zur Folge?
4. Worum „kämpfen" die Autos miteinander?
5. Wie verändert die „Autobevölkerung" die Städte?
6. Was ist der Grund für diese Entwicklung?
7. Welche Folgen hat die Entwicklung für die Stadtzentren?

II. Zur Erörterung

1. Es ist Mode geworden, auf Autos zu schimpfen. Geschieht das mit Recht oder nicht?
2. Prüfen Sie am Beispiel von Städten, die Sie kennen: stimmen die allgemein formulierten Aussagen des Textes?
3. In welchen Ländern und Städten ist der Druck der „Autobevölkerung" besonders groß, wo ist er geringer?
4. Kennen Sie Beispiele für Versuche, die „Herrschaft des Autos" in der Stadt zu beenden? Welchen Erfolg hatten diese Versuche?
5. Was könnte man Ihrer Meinung nach zur Lösung des Transportproblems tun?
6. Die Lösung von Umweltproblemen ist häufig deshalb so schwierig, weil sie mit Interessenkonflikten verbunden sind.

   a) Welcher Interessenkonflikt wird in diesem Text erwähnt?

Die Fotomontage rechts zeigt, wieviel Platz im täglichen Stadtverkehr ein Einzelfahrer in seinem Auto braucht.

b) Welche anderen Beispiele von Umweltproblemen, die mit Interessen-konflikten verbunden sind, sind Ihnen bekannt?

Übungen zum Text

I. Finden Sie Synonyme.

a) bedenken (Z 9) b) das Gewühl (Z 19) c) der Wohnbezirk (Z 22) d) das Beförderungsmittel (Z 23) e) gesamt (Z 33)

II. Erklären Sie:

a) die Individualität (Z 3) b) der Genosse (Z 10) c) die Waschanlage (Z 13) d) das kulturelle Leben (Z 33)

71

III. a) Suchen Sie im letzten Abschnitt die Adjektive mit der Vorsilbe
„un-". Erklären Sie die Bedeutung dieser Wörter.
b) Suchen Sie Antonyme. (Nicht in jedem Fall kann das durch Weglas-
sen der Vorsilbe „un-" erreicht werden.)

IV. a) Unterstreichen Sie im folgenden Text die Relativsätze.
b) Bilden Sie wie im Beispiel aus den Relativsätzen Partizipialkonstruk-
tionen. (Wo sind die Partizipialkonstruktionen sprachlich besser?)

Der Architekt Viktor Gruen, *der wegen seiner Angriffslust bekannt*
ist, schrieb einen längeren Artikel.

Der wegen seiner Angriffslust bekannte Architekt Viktor Gruen
schrieb einen längeren Artikel.

1. In dem Aufsatz, der Aufsehen erregte, beschäftigt sich der Architekt
   Victor Gruen mit dem Autoverkehr in den Großstädten, der ständig wächst.
2. Der Raum auf der Straße, der von einem Auto beansprucht wird, ist
   zwanzigmal größer als der, der von einem Fußgänger benötigt wird.
3. Hinzu kommt aber noch mehr: Man bedenke die riesigen Autoindustrie-
   gebiete, den Platz für die Parkplätze, die Verkaufssalons, die prunkvoll
   eingerichtet sind, Reparaturwerkstätten und Tankstellen und schließlich
   die häßlichen Autofriedhöfe.
4. Die Autobevölkerung, die um Vorfahrt, Parkplätze und Straßenbreiten
   mit und gegeneinander kämpft, bestimmt die Entwicklung der Städte in
   einem Ausmaß, das beängstigt.
5. Bürger, die seit Jahrzehnten in ihren Wohnungen leben, empören sich zu
   Recht über die Zerstörung ihrer Stadtviertel.
6. Die Stadtzentren, die durch die Abwanderung der Bewohner verödet
   sind, verlieren ihre Anziehungskraft.
7. Das zeigen die Besucherzahlen, die ständig sinken, in den Theatern, die
   miserablen Kinoprogramme, die Schließungen von Cafés und Lokalen,
   die früher gern und viel besucht wurden, das Ausbleiben von Käufern in
   Kunstgalerien, usw.
8. An diesem Zustand ist der Autoverkehr, der fast unkontrollierbar zu-
   nimmt, nicht allein schuld, aber er ist einer der wichtigsten Faktoren.

V. Stellen Sie eine Liste auf mit Bezeichnungen für Fahrzeuge a) mit Motor
b) ohne Motor.

VI. vgl Z 4–5: ... er nennt sie ... „Autobevölkerung" *im Gegensatz zu der „menschlichen Bevölkerung".*

Beantworten Sie sinngemäß die folgenden Fragen. (Nicht immer ist die Antwort positiv.)
Verwenden Sie dabei „im Gegensatz zu ..."

„Steigt in vielen westlichen Großstädten die Zahl der Autos schneller als die der menschlichen Bevölkerung?"

„Ja, **im Gegensatz zur** menschlichen Bevölkerung steigt die Zahl der Autos schnell."

1. Beansprucht ein Auto mehr Raum als ein Mensch?
2. Sind die Stadtzentren heute wohnlicher als früher?
3. Ist das Leben in der Innenstadt noch so frei und ungehindert wie früher?
4. Hat das Stadtzentrum noch die alte Bedeutung als Mittelpunkt des kulturellen und geistigen Lebens?

VII. vgl Z 23–24: ... seitdem sich der eigene Wagen als Beförderungsmittel *durchgesetzt* hat.

Das Verb *setzen* läßt sich mit vielen Vorsilben verbinden.
Welches der zusammengesetzten Partizipien von „setzen" paßt zu welchem der folgenden Sätze? Setzen Sie das richtige Wort ein.

a) besetzt b) hinweggesetzt c) durchgesetzt d) übersetzt e) widersetzt f) entsetzt g) beigesetzt h) darangesetzt i) abgesetzt j) ausgesetzt

1. Der Artikel des Architekten Gruen ist aus dem Amerikanischen ins Deutsche .... worden.
2. Wenn ein Mensch gestorben ist, wird er im allgemeinen auf dem Friedhof ....
3. Viele Menschen haben sich aus den Innenstädten .... und sind in die Vororte gezogen.
4. Wenn die öffentlichen Verkehrsmittel häufiger führen und billiger wären, hätten sie sich besser ....
5. Die Bürger haben sich den Bauplänen der Stadtverwaltung ....und Gegenvorschläge gemacht.
6. Weil die Bürger sich so über die Baupläne .... hatten, wurde das Bauvorhaben bis auf weiteres ....

7. Häufig haben sich die Stadtplaner über die Wünsche der Bürger ....
   hinweggesetzt
8. Bürgerinitiativen haben alles *darangesetzt*., den Zerfall der
   Innenstädte zu verhindern.
9. Studenten hatten das Haus, das schon lange leerstand, *besetzt*...

15. Wasserwächter für 400 000 Haushalte

Die Forelle ist ein etwa 0,25 bis 5 Kilogramm schwerer Raubfisch unserer
Bäche, Flüsse und Seen. Sie gilt als besonders schmackhafter Fisch. Ein
Becken mit diesen Fischen findet sich in fast jedem besseren Restaurant. Sie
schwimmen darin umher und warten darauf, herausgefischt und verspeist
5 zu werden.
   Eine ganz neuartige Verwendung dieses Fisches haben Ingenieure der
Beobachtungsstation eines Wasserwerks an der Oise herausgefunden. Ihnen
dient die Forelle zur Überwachung der Reinheit des Wassers. Sie leiten Wasser aus der Oise, aus der sie das Trinkwasser gewinnen, mit natürlicher Fluß-
10 geschwindigkeit durch drei Aquarien. In jedem der drei Behälter befindet
sich eine Forelle. Die Neigung der Tiere, gegen den Strom zu schwimmen,
zeigt die Reinheit des Wassers an. Bei Verschmutzung nämlich machen die
Tiere kehrt und versuchen, dem verunreinigten Wasser zu entfliehen. Kleine
Elektroden am Körper der Wasserwächter melden die Umkehr und geben
15 Alarm, allerdings nur, wenn die Reaktion einmütig ist, das heißt, wenn alle
drei Tiere zugleich sich zur Flucht umdrehen; denn eine einzelne Forelle
kann sich auch aus einem anderen Grund einmal umwenden.
   Dieses ungewöhnliche System warnt seit einiger Zeit ein 400 000 Haus-
halte versorgendes Wasserwerk vor verschmutztem Flußwasser, das zur
20 Trinkwasserbereitung ungeeignet ist.

Nach: *Forellometer, Bild der Wissenschaft, 8/73*

Worterklärungen

der Wächter, - jd, der auf etw aufpaßt – **der Raubfisch, -e** Fisch, der andere
Fische und kleinere Tiere frißt – **schmackhaft** gutschmeckend – **die Oise** *Fluß in*

74

Verschmutzung des Neckars
bei Stuttgart

Kläranlage eines Wasser-
werks, die verschmutztes
Wasser reinigt

Nordfrankreich – **die Überwachung** Kontrolle – **das Aquarium, -en** Becken aus Glas, in dem Fische leben – **der Behälter, -** *hier:* Aquarium – **die Neigung, -en** *hier:* Tendenz – **kehrtmachen** sich umdrehen – **die Elektrode, -n** *hier:* kleine Metallplatte, die elektrische Ströme aussendet – **der Alarm** Warnzeichen – **einmütig** *hier:* bei allen gleich – **ungeeignet** unbrauchbar

Fragen zum Text

I. Zum Verständnis

1. Was für ein Fisch ist die Forelle?
2. Für welche Aufgabe wird die Forelle im Wasserwerk an der Oise eingesetzt?
3. Was haben die Ingenieure des Wasserwerks gebaut?
4. Wie verhalten sich die Forellen in den Aquarien?
5. Wie wird das Verhalten der Forellen kontrolliert?
6. Wann signalisiert ihr Verhalten Alarm?

II. Zur Erörterung

1. Worin liegen die Vorteile eines solchen Systems?
2. Wodurch werden Gewässer verschmutzt?
3. Was müßte/könnte getan werden, damit die Gewässer sauber werden oder bleiben?
4. Welche anderen Beispiele für positive Lösungen von Umweltproblemen kennen Sie?

Übungen zum Text

I. Beantworten Sie folgende Fragen, indem Sie Relativsätze im Genitiv benutzen.

> Was ist eine Forelle?
> Die Forelle ist ein 0,25 bis 5 kg schwerer Raubfisch ... (Sein schmackhaftes Fleisch wird von Kennern geschätzt.)
> Die Forelle ist ein 0,25 bis 5 kg schwerer Raubfisch, **dessen** *schmackhaftes Fleisch von Kennern geschätzt wird.*

1. Was geschieht in der Beobachtungsstation eines Wasserwerkes?
   Dort arbeiten Ingenieure, ... (Ihre Aufgabe ist es, den Verschmutzungsgrad des Flußwassers frühzeitig festzustellen.)
2. Was ist Trinkwasser?
   Trinkwasser ist ein von Krankheitsträgern gesäubertes Wasser, ... (Sein Reinheitsgrad wird nach genau festgelegten Regeln ständig überprüft.)
3. Was heißt „natürliche Flußgeschwindigkeit"?
   Das ist die Bewegung des Flußwassers, ... (Seine Geschwindigkeit wechselt je nach Wasserstand.)
4. Was bedeutet das Wort „Wasserwächter" in diesem Text?
   Die Wasserwächter sind die drei Forellen, ... (Ihr Schwimmverhalten informiert die Ingenieure über den Reinheits- bzw. Verschmutzungsgrad des Wassers.)
5. Welche Aufgaben haben in diesem Zusammenhang die Elektroden?
   Hier sind die Elektroden winzige Geräte, ... (Ihre Funktion ist es, im Augenblick einer Umkehr der Fische Alarm zu geben.)
6. Was ist ungewöhnlich an diesem System?
   Es ist ein System, ... (Seine Ungewöhnlichkeit besteht darin, daß es einfach und billig ist.)

II. Finden Sie Synonyme.

a) sich umwenden (Z 17) c) zugleich (Z 16)

III. Nennen Sie Antonyme.

a) die Verschmutzung (Z 12) b) verunreinigen (Z 13)

IV. Erklären Sie:

a) das Becken (Z 3) b) das Wasserwerk (Z 7) c) der Haushalt (Z 18–19)

V. vgl Z 16: sich zur Flucht **úm**drehen; Z 17: . . . **úm**wenden; Z 14: die **Úm**kehr; Z 4: um**hér**

Die Vorsilbe „um-" kennzeichnet fast immer eine Bewegung. Dabei handelt es sich um:

I	II	III
einen Wechsel von der Vertikalen zur Horizontalen	ein „Rundherum", etw Kreisförmiges	einen Wechsel, z. B. des Ortes, der Methode usw
ein Bierglas umstoßen	eine Kirche umfahren	Blumen umpflanzen

a) In welche der drei Gruppen gehören die folgenden Ausdrücke?

a) einen Sessel umstellen b) eine Großstadt *umfahren* c) ein Geldinstitut mit Polizisten *umstellen* d) eine Laterne umfahren (und dabei beschädigen) e) sich in seiner Lebensweise umstellen f) Blumenstiele umknicken g) etwas mit den Händen *umklammern* h) bei der Bedienung neuartiger Maschinen umlernen i) sich umkleiden j) ein Rednerpult mit Tüchern *umkleiden* k) einen Brief umschreiben l) die Bedeutung eines Wortes *umschreiben* m) ein strittiges Thema *umgehen* n) nach Hamburg umziehen

b) Die Verben, die auf der zweiten Silbe betont werden, sind untrennbar (sie sind schräg gedruckt).
Bilden Sie mit den Verben Sätze im Perfekt.

VI. Welches Wort paßt zu welchem Satz? Setzen Sie den richtigen Ausdruck ein.

a) einmütig (Z 15) b) anmutig c) unmündig

1. Als die Eltern starben, waren beide Kinder noch . . . .
2. Die Fachleute entschieden sich . . . . für die Einführung der neuen Methode.
3. Sie lächelte . . . .

a) schmackhaft (Z 2) b) geschmackvoll c) schmächtig

1. Der Junggeselle hat seine Wohnung .... eingerichtet.
2. Das Essen war sehr .... zubereitet.
3. Obwohl der Junge sehr .... ist, besitzt er große Ausdauer beim Sport.

16. Dünger hilft Öl vernichten

Die meisten Menschen verbinden mit dem Begriff „Dünger" Gedanken an
Acker- und Weideland. Amerikanische Forscher untersuchten inzwischen
Kunstdünger auf seine Brauchbarkeit als Reinigungsmittel ölverschmutzter
Meeresregionen.
5   Man schätzt, daß jährlich etwa 5 bis 10 Millionen Tonnen Öl in die
Ozeane fließt. Dieses Öl verursacht unermeßliche Schäden in der Natur,
Schäden, die letzten Endes auch den Menschen treffen. Deshalb bemühen
sich Umweltforscher seit langem darum, Mittel zu finden, wie man dieses
Öl wieder entfernen kann. Die mechanische Entfernung ist nicht nur extrem
10   teuer, sondern auch oft technisch undurchführbar.

Die Ölpest auf den Ozeanen bedeutet für Tausende von Tieren den sicheren
Tod. Besonders die Vögel sind davon betroffen, da das Öl das Gefieder verklebt.

Der größte Teil der Ölmassen wird zwar durch Meeresbakterien irgendwann einmal aufgefressen, aber das ist ein langwieriger Prozeß. Verschiedene Forschergruppen haben deshalb versucht, diesen Prozeß zu beschleunigen. Sie mischten das auf dem Wasser schwimmende Öl mit riesigen Men-
15 gen ölvernichtender Bakterien. Doch der Erfolg war gering.

Nach mehreren Experimenten entdeckte man, daß die Bakterien zu ihrer Arbeit Stickstoff (N) und Phosphor (P) brauchen. Wenn man aber die in der Landwirtschaft als Kunstdünger verwendeten Stoffe über dem Öl ausstreute, vermischten sie sich sehr schnell mit dem Meerwasser und konnten
20 von den Bakterien nicht mehr aufgenommen werden. Nach weiteren Versuchen fand man schließlich eine Möglichkeit, Stickstoff und Phosphor in solchen Verbindungen herzustellen, die sich im Wasser nicht auflösen, wohl aber in der Ölschicht. Nun waren die Düngestoffe den ölfressenden Bakterien zugänglich.

25 Nach erfolgreichen Laboratoriumsversuchen wurde dieser „Öldünger" kleinen Ölflecken auf natürlichen Seen beigegeben. Die Vernichtung dieser Ölschichten erfolgte zehnmal so schnell wie die von unbehandelten Ölflächen.

Da die Bestandteile des Düngers leicht verfügbar und nicht kostspielig
30 sind, ist seine Verwendung auch wirtschaftlich vertretbar.

Nach: Friedrich Abel, *Dünger macht Appetit auf Öl, Die Zeit, 20/73*

Worterklärungen

der Dünger Stoffe, die für das Wachstum der Pflanzen wichtig sind und deshalb dem Ackerboden beigegeben werden – **der Acker,** ⁓ Feld – **die Weide, -n** Wiese, auf der das Vieh Gras frißt – **der Kunstdünger** Dünger aus Chemikalien – **unermeßlich** so groß, daß man es kaum messen kann – **langwierig** langdauernd, schwierig – **ausstreuen** über eine Fläche gleichmäßig verteilen – **etw ist jdm zugänglich** jd kann etw erreichen – **der Ölfleck, -en** durch Öl verschmutzte Stelle – **die Vernichtung, -en** Zerstörung – **verfügbar sein** vorhanden, zum Gebrauch da sein – **kostspielig** teuer – **vertretbar** akzeptabel, richtig

Fragen zum Text

I. Zum Verständnis

1. a) Wozu wird Kunstdünger normalerweise verwendet?
   b) Wozu könnte man ihn neuerdings auch verwenden?
2. Welche Folgen bringt es mit sich, daß Öl in die Ozeane fließt? Berücksich-

tigen Sie bei Ihrer Antwort auch den Text: „Auspuffgase vom Winde verweht" (S 54)

3. Welche Probleme ergeben sich daraus für den Umweltschutz?
4. Wie werden die Ölmassen im Meer auf natürliche Weise vernichtet?
5. Welche verschiedenen Versuche wurden zur Ölvernichtung gemacht?
6. Was war das Ergebnis der Versuche?
7. Welche Vorteile bietet die im Text beschriebene Methode?

II. Zur Erörterung

1. Wie kommt es, daß jährlich soviel Öl in die Ozeane fließt?
   Welche Möglichkeiten gibt es, das zu verhindern?
2. Der Text spricht davon, daß das Öl „unermeßliche Schäden in der Natur" verursacht. Geben Sie Beispiele für diese Schädigungen.

III. Zur Anlage des Textes

1. Untersuchen Sie, welche Aufgabe die einzelnen Abschnitte im Zusammenhang des ganzen Textes haben.
2. Formulieren Sie für jeden Abschnitt eine Überschrift, die die jeweils wichtigste Information enthält.
3. Läßt sich der Text auch anders einteilen?
   Begründen Sie Ihre Einteilung.
4. Der Text ist in einer Zeitung veröffentlicht worden. Welchem Zweck dient die Veröffentlichung?
5. Vergleichen Sie die Darstellungsweise dieses Textes mit der des Textes „Die schlechteste Tomate der Welt" (S 83).
   Welche Textsorte (= Textart) liegt hier vor? (vgl auch Frage III, 1 auf S 85).

Übungen zum Text

I. Ersetzen Sie die nominalen Ausdrücke durch Sätze mit den in Klammern angegebenen Konjunktionen. (Bei manchen Konjunktionen muß die Reihenfolge der Aussagen verändert werden.)

Wegen der leichten Verfügbarkeit des Düngers ist seine Verwendung auch wirtschaftlich vertretbar. (da, deshalb)

a) **Da die Bestandteile des Düngers leicht verfügbar sind,** ist seine Verwendung auch wirtschaftlich vertretbar.

b) **Die Bestandteile des Düngers sind leicht verfügbar. Deshalb** ist seine Verwendung auch wirtschaftlich vertretbar.

1. *Infolge der bedrohlich fortschreitenden Ölverschmutzung der Ozeane* sind Menschen und Tiere gefährdet (weil, denn, deshalb).
2. *Anhand neuer statistischer Untersuchungen* kam man zu der Überzeugung, daß dringend etwas getan werden muß (nachdem).
3. *Ungeachtet der immer größer werdenden Schwierigkeiten* verloren die Forscher den Mut nicht (obwohl, trotzdem, zwar ... aber).
4. *Wegen der hohen Kosten einer mechanischen Entfernung des Öls in Flüssen, Seen und Meeren* suchten die Wissenschaftler nach einer biologischen Methode (weil, denn, darum).
5. *Zur Beschleunigung des Auflösungsprozesses* streute man riesige Mengen ölvernichtender Bakterien auf das auf dem Wasser schwimmende Öl (damit, um ... zu).
6. *Nach einigen Fehlschlägen dieser Versuche* merkte man, daß die Bakterien zu ihrer Arbeit Phosphor und Stickstoff brauchen (nachdem).
7. *Mit Hilfe von Phosphor- und Stickstoffverbindungen,* die sich im Wasser nicht auflösen, gelang es, die Düngestoffe den ölfressenden Bakterien zugänglich zu machen (indem).
8. *Mangels anderer Möglichkeiten,* das gefährliche Öl auf dem Wasser zu vernichten, gilt diese Entdeckung schon als großer Erfolg (weil, denn, darum).

II. Finden Sie Synonyme.

a) schätzen (Z 5) b) entdecken (Z 16)

III. Nennen Sie Antonyme.

a) natürlich (Z 26) b) erfolgreich (Z 25)

IV. Erklären Sie aus dem Zusammenhang des Textes:

a) auflösen (Z 22) b) die Bestandteile (Z 29) c) beschleunigen (Z 13)

V. Vgl Z5 : ... daß *jährlich* etwa 5 bis 10 Millionen Tonnen Öl ...

jähr*lich*   – jedes Jahr (Wiederholung)
einjäh*rig*   – ein Jahr lang (Dauer)

-ig oder -lich? Setzen Sie die richtige Endung ein.

a) die alljähr........ Ferienreise – die zweijähr........ Studienreise
b) der einmonat........ Schulungskurs – das monat......... Rundschreiben
c) der vierwöch........ Urlaub – die wöchent........ Illustrierte

d) die halbstünd......... Grammatikprüfung – der halbstünd.........
   Glockenschlag
e) die täg........ Wiederholung – die achttäg........ Exkursion

VI. vgl Z 14–15: Sie *mischten* das ... Öl mit riesigen Mengen ... Bakterien.
   vgl Z 19: ... *vermischten* sie *sich* sehr schnell mit dem Meerwasser ...

	mit (D)	– etw mit etw verbinden (z. B. Öl
etw mischen		mit Bakterien)
	unter (A)	– etw zu etw geben (kleine in große Mengen)
	unter (A)	– in eine Gruppe (z. B. von Menschen und Tieren) hineingehen
sich mischen		
	in (A)	– in etw eindringen, eingreifen

Ergänzen Sie die Präposition.

1. Du mußt etwas Salz .... den Teig mischen.
2. Mischen Sie zwei Flaschen Weißwein, eine Flasche Sekt und ein Pfund Erdbeeren .... einander, und Sie erhalten ein erfrischendes Getränk.
3. Immer wieder mischt er sich .... anderer Leute Angelegenheiten.
4. Unauffällig hatten die Bankräuber sich .... die Kunden gemischt.
5. Mischen Sie sich nicht .... Dinge, die Sie nichts angehen!
6. Die Bakterien mußten .... Stoffen gemischt werden, die sich nicht im Wasser auflösen.

VII. vgl Z 2–3: ... Forscher *untersuchten* Kunstdünger *auf* seine Brauchbarkeit *als* Reinigungsmittel ...

Ergänzen Sie wie in folgendem Beispiel sinngemäß die Präpositionen „als",
„auf", „für", „zu".

> Woraufhin hat man den Kunstdünger untersucht?
> **Auf** seine Brauchbarkeit **als** Düngemittel **für** ölfressende Bakterien.
> **Auf** seine Fähigkeit **zur** Verbindung **mit** Stoffen, die sich im Wasser nicht auflösen.

Es werden untersucht:

1. Bakterien .... ihre Wirksamkeit .... Ölvernichter
2. Phosphor und Stickstoff .... ihre Brauchbarkeit .... Bakteriendünger .... ölfressende Bakterien

82

3. „Öldünger" .... seine Rentabilität .... Ölvernichter
4. ein bestimmter Kunststoff .... seine Eignung .... Fensterrahmen
5. Männer .... ihre Tauglichkeit .... das Militär
6. ein Angestellter .... seine Fähigkeit .... Leitung eines Betriebs
7. ein Mädchen .... seine Tauglichkeit .... Krankenschwester

17. Die schlechteste Tomate der Welt

N e w   Y o r k . Endlich ist es Amerikas landwirtschaftlicher Industrie gelungen, die schlechteste Tomate der Welt zu züchten: Sie schmeckt wäßrig und unreif, sieht bläßlich-kränklich aus und hat eine unangenehm dicke Haut. Es war für die Großzüchter vermutlich nicht ganz einfach, die ge-
5 wohnten tiefroten, reifen und würzig schmeckenden Tomaten vom Markt zu verdrängen. Aber seit einigen Jahren haben sie ihr Ziel erreicht. Nicht, daß Amerikas Verbraucher mit der neuen Züchtung glücklich wären – im Gegenteil. Aber sie haben keine andere Wahl. Die meisten Supermärkte in den USA bieten keine anderen Tomaten mehr an.
10 Warum die neuen Tomaten so gezüchtet wurden? Damit sie Hunderte von Kilometern im Lkw oder Waggon so überstehen, daß nicht zu viele Früchte beschädigt oder schlecht werden.
Umfragen des amerikanischen Landwirtschaftsministeriums, das sich sowieso mehr um die Sorgen der Landwirtschaft als um die Verbraucher zu
15 kümmern scheint, haben ergeben, daß Amerikas Verbraucher mit dem verfügbaren Tomaten-Angebot besonders unzufrieden sind. Aber so bitter es klingt: Sie werden sich vermutlich daran gewöhnen, so wie sie sich an künstliche Säfte mit Orangen- und Ananas-Geschmack und an Pulverkaffee gewöhnt haben. „Meine Kinder sind mit gefrorenem Orangensaft-Ersatz auf-
20 gewachsen", gestand der Präsident einer Nahrungsmittelberatungsfirma, „und als wir in Florida waren, fanden sie, daß frischer Orangensaft scheußlich schmeckt."
Als ein amerikanischer Nahrungsmittelkonzern einen Pulverkaffee auf den Markt brachte, der wie gemahlener echter Bohnenkaffee aussah und
25 schmeckte, lehnten die Verbraucher das Produkt ab; sie glaubten, daß es

ein minderwertiger Kaffee sei, weil er nicht wie der übliche „Instant-Coffee" schmeckte.

Die amerikanische Nahrungsmittelindustrie verteidigt die zunehmende Weiterverarbeitung und chemische Behandlung der Nahrung unter anderem
30 mit dem Argument, daß Waren ohne Zusätze schnell verderben und die Lebensmittelpreise noch weiter in die Höhe treiben würden. Und sie können darauf verweisen, daß „die Leute ja gar nichts anderes mehr wollen".

Die wenigen Amerikaner, die sich noch ihren altmodischen Geschmack bewahrt haben, leiden unter dieser Entwicklung. Sie pflanzen schon ihre
35 eigenen Tomaten auf dem Balkon oder zahlen überhöhte Preise für echte Produkte direkt vom Bauern. Die meisten aber träumen von fremden Ländern, wo es noch Tomaten gibt wie früher: rot, reif und wohlschmeckend.

Nach: *US-Züchtungserfolg: Schlechteste Tomate der Welt, Flensburger Tageblatt,* 18. April 1975

Worterklärungen

züchten Pflanzen oder Tiere mit bestimmten Eigenschaften herausbilden; *das erreicht man, indem man bei der Fortpflanzung bestimmte Elternpaare auswählt* – **die Züchtung, -en** *hier:* das gezüchtete Produkt – **wäßrig** wie Wasser – **würzig schmeckend** angenehm kräftig schmeckend – **jdn verdrängen** jdm keinen Raum lassen – **etw überstehen** *hier:* etw ohne viel Schaden aushalten – **die Umfrage, -n** Interviews in bestimmten Bevölkerungsgruppen zur Meinungsforschung – **bitter** *hier:* traurig, unangenehm – **die Nahrungsmittelberatungsfirma, -firmen** eine Firma, die über Lebensmittel Auskunft und Rat gibt – **minderwertig** wenig wertvoll – **der Zusatz, ⸚e** etw, was man zu etw anderem hinzutut – **auf etw verweisen** *hier:* mit etw argumentieren – **altmodisch** so, wie es früher Mode war — **sich etw bewahren** etw noch immer haben

Fragen zum Text

I. Zum Verständnis

1. Wovon berichtet der erste Abschnitt?
2. Warum werden die neuen Tomaten überhaupt gekauft?
3. Hat die „schlechteste Tomate der Welt" auch Vorteile?
4. Wie reagieren Amerikas Verbraucher auf die neue Tomate?

5. Auf Grund welcher Erfahrungen hoffen die Produzenten, daß sich die Verbraucher an die neue Tomate gewöhnen?
6. Mit welchen Argumenten werden die Herstellung solcher Produkte und die chemische Behandlung von Nahrungsmitteln verteidigt?
7. Gibt es für die Verbraucher auch noch Möglichkeiten, gute Tomaten zu bekommen?

II. Zur Erörterung

1. Kennen Sie andere Beispiele, wo die Produktion von Nahrungsmitteln sich nicht mehr an den Wünschen und Bedürfnissen der Verbraucher, sondern nur an wirtschaftlichen Interessen orientiert?
2. Halten Sie diese Entwicklung in der Nahrungsmittelproduktion für unvermeidlich oder nicht? Begründen Sie Ihre Meinung.

III. Zur Anlage des Textes

1. In der Presse kann ein Ereignis in unterschiedlicher Weise mitgeteilt werden.
   Beispiele:
   a) in einem kurzen sachlichen *Bericht,*
   b) in einem *Kommentar,* der nicht nur die Nachricht bringt, sondern auch möglichst sachlich dazu Stellung nimmt,
   c) in einer *Glosse.* Das ist ein Kurzkommentar mit polemischer Stellungnahme zu Tagesereignissen.
   Welche Textform (= Textsorte) liegt hier vor? Begründen Sie Ihre Antwort!
2. Schreiben Sie die wichtigsten Informationen jedes Abschnitts in einigen Stichworten auf!
3. Geben Sie den Inhalt des Textes anhand der Stichworte wieder!
4. Schreiben Sie über das Thema „Die schlechteste Tomate der Welt", und wählen Sie eine der unter Nr. 1 genannten Textsorten!
5. Suchen Sie Beispiele für die genannten Textsorten in diesem Übungsbuch!

Übungen zum Text

I. Finden Sie Synonyme.

a) vermutlich (Z 4) b) scheußlich (Z 21–22)

II. Nennen Sie Antonyme.

a) das Ziel (Z 6) b) künstlich (Z 17–18) c) ablehnen (Z 25)

III. Erklären Sie folgende Ausdrücke:

a) unreif (Z 3) b) die Haut (Z 4) c) gewohnt (Z 4–5) d) der Verbraucher (Z 14) e) verfügbar (Z 15–16) f) Nahrungsmittel (Z 20)

IV. Bilden Sie ähnliche Sätze wie in folgendem Beispiel, und verwenden Sie die Form: „Die tun so, als ob ..."

Eine Hausfrau ärgert sich darüber, daß die Tomaten nach nichts schmecken. Sie klagt über die Produzenten:

> „Es gibt auch bessere Tomaten!
> **Die tun so, als ob** es keine besseren Tomaten *gäbe!"*

1. Sie können gewiß reife und wohlschmeckende Früchte liefern!
2. Ich weiß sehr gut, daß alle diese Früchte unreif sind!
3. Auch reife Tomaten lassen sich transportieren!
4. Ich muß dieses Zeug nicht kaufen!

V. Bilden Sie Wunschsätze wie in folgendem Beispiel.

Schließlich kauft die Hausfrau die Tomaten doch, aber nur unter Protest:

> „Ich muß die Tomaten kaufen!
> **Ich wollte,** ich brauchte sie nicht zu kaufen!"

1. Ich bin auf diesen Supermarkt angewiesen!
2. Mein Mann verlangt, daß ich so koche wie seine Mutter!
3. Ich finde keinen Händler, der mir Tomaten, wie sie früher waren, liefert!
4. Ich habe keinen Balkon, auf dem ich Tomaten ziehen kann!

VI. Formen Sie die Sätze sinngemäß um wie in folgendem Beispiel, und bilden Sie dabei Bedingungssätze. Übernehmen Sie die Argumente des Hausherrn.

Der Hausherr gibt am Familientisch folgendes zu bedenken:

86

> „Die Früchte werden künstlich gezüchtet, deshalb ist das Angebot
> groß und die Waren sind billig.
>
> **Aber wenn** die Früchte nicht künstlich gezüchtet *würden, wäre* das
> Angebot kleiner und die Waren *wären* teurer.“

1. Es gibt das, was man mit Recht landwirtschaftliche Industrie nennt, nur
   so ist die Versorgung der Großstädte mit Gemüse und Obst möglich.
2. Die auf Großfarmen und in Gewächshäusern hergestellten landwirtschaftlichen Produkte werden halbreif geerntet, nur so überstehen sie den
   Transport über Hunderte von Kilometern.
3. In den Läden werden niemals gedrückte oder halbfaule Früchte angebo-
   ten, nur so können die Händler ihre Ware verkaufen.

*VII. Übernehmen Sie die Rolle der Familie, und bilden Sie ähnliche Sätze
wie in folgendem Beispiel.*

Frau und Kinder lassen sich nicht überzeugen. Sie wünschen Unmögliches:

> „Wir wollen Früchte direkt vom Baum essen!
>
> **Wenn** wir doch Früchte direkt vom Baum essen **könnten!**
> **Könnten** wir doch Früchte direkt vom Baum essen!“

1. Ich möchte ein Häuschen mit Garten auf dem Land haben!
2. Wir wollen auf einer Wiese mit einem kleinen Hund spielen!
3. Du sollst deine Stellung wechseln und einen ruhigen Posten in einer kleinen Stadt annehmen!
4. Wir wollen endlich aus diesem Lärm und Gestank heraus!

*VIII. Welches Wort paßt zu welchem Satz? Setzen Sie den richtigen Aus-
druck (in der richtigen Form) ein.*

a) die Wahl, -en (Z 8) b) der Wal, -e c) der Wall, ⸚e

1. .... sind Säugetiere, die im Meer leben.
2. Alte Städte und Burgen waren oft von .... umgeben.
3. Freie, geheime .... sind Voraussetzung für eine De-
   mokratie.

a) erfroren b) gefroren (Z 19) c) verfroren

1. Du hättest dich wärmer anziehen sollen, du siehst ja ganz . . . .
. . . . aus!
2. Der Vermißte lag im Schnee und war . . . .
3. Im Norden ist der Boden bis 30 Zentimeter tief . . . .

IX. vgl Z 17: Sie werden *sich* vermutlich *daran gewöhnen,* . . .

sich gewöhnen $\longleftarrow$ $\underset{\textit{daran}}{\overset{\textit{an (A)}}{}}$ $\longleftarrow$ $\underset{\textit{, (+ Inf.)}}{\overset{\textit{, daß}}{}}$

a) Bilden Sie ähnliche Dialoge wie in folgendem Beispiel.

> „Die Tomaten sind so wäßrig! Ich werde mich nie **an** so wäßrige Tomaten **gewöhnen!"**
> „Woran?"
> „**Daran, daß** die Tomaten so wäßrig sind."
> „Du wirst dich **daran gewöhnen** müssen, so wäßrige Tomaten zu essen!"

1. Die Tomaten haben eine so dicke Haut! (dickhäutig)
2. Der Orangensaft ist so bitter!
3. Der Ananassaft schmeckt unangenehm süßlich!
4. Der Pulverkaffee ist so fade! (fade = ohne viel Geschmack)
5. Die Suppen sind so schlecht gewürzt.

b) *Berichten Sie:*

Woran können Sie sich im Ausland, in Ihrer Stadt, bei Ihrer Wirtin usw nicht gewöhnen?
Woran waren Sie gewöhnt, als Sie zu Hause lebten? *oder:*
Woran werden Sie sich gewöhnen müssen, wenn Sie einmal nicht mehr zu Hause leben werden?

18. Zum Schlachten geboren

Gewinnsucht scheint den Menschen gefühllos gegenüber allem Unrecht und blind für die Gesetze der Natur zu machen. Der bekannte Direktor des Frankfurter Zoos, Professor Grzimek, berichtet folgendes von einer Intensiv-Kälbermästerei.

5 In einem Fabrikgebäude sind 2500 Kälber für ihr ganzes Leben in völliger Dunkelheit untergebracht. Sie leben darin von ihrer Geburt bis zu ihrer Schlachtung im Alter von drei Monaten.

Hätten sie Licht, so würden sie sich bewegen und dafür „nutzlose" Kalorien verbrauchen. Sie stehen in engen hölzernen Boxen, in denen sie sich 10 nicht umdrehen, sondern nur aufstehen und sich niederlegen können. In manchen Ställen ist der Kopf in einer Öffnung der Vorderwand ständig festgehalten.

Die Temperatur in dieser „Fabrik" wird auf 37 Grad gehalten. So werden die Kälber gezwungen, viel von einer milchähnlichen Flüssigkeit zu 15 trinken, um ihren Durst zu löschen. Diese Flüssigkeit enthält 20 Prozent Fett. Das ist gut für die Fleischbildung. Damit die Tiere recht gut zunehmen und auch damit sich das Fleisch nicht zu dunkel färbt, bleibt die angebotene Nahrung in vielen Betrieben fast eisenfrei.

Natürlich sind solche Geschöpfe nicht gesund. Sie haben Atemnot, sind 20 blutarm, ihnen schwellen die Beine. Wenn man sie zum Schlachthaus befördert, können sie kaum laufen. Da sie außerordentlich anfällig für Krankheiten sind, gibt man ihnen mit der Nahrung ständig Antibiotika. Kleine Mengen von Hormonen, die man unter das Futter mischt, steigern das Wachstum; sie bewirken einen geringeren Futterverbrauch und eine schnel- 25 ler steigende Gewichtszunahme.

Das ständige Beimischen von Antibiotika fördert allerdings auch die Entstehung von Krankheitsbakterienstämmen, die widerstandsfähig gegen diese Mittel sind. Sie werden vom Tier auf den Menschen übertragen. Werden dann in einem Krankheitsfall beim Menschen Antibiotika angewendet, so 30 zeigen sie keine Wirkung mehr. Stattdessen können sich Allergien gegen solche Heilmittel einstellen, was bei ernsthaften Erkrankungen lebensgefährlich werden kann.

Schließlich besteht bei Rückständen von Hormonen und Stoffen mit hormonartiger Wirkung die Möglichkeit, daß sie zu unangenehmen Fehlsteue- 35 rungen im menschlichen Hormonhaushalt führen.

Nach: Bernhard Grzimek, *Die Zeit,* 21. 9. 1973

Worterklärungen

schlachten Tiere töten (*hier:* zur Herstellung von Fleisch- und Wurstwaren) – **die Gewinnsucht** krankhafter Wunsch, Geld zu gewinnen – **die Intensiv-Kälbermästerei, -en** Anlage, in der Kälber so gut gefüttert (= *gemästet*) werden, daß sie nach kurzer Zeit geschlachtet werden können – **die Box, -en** viereckiger kleiner Raum – **der Stall, ·:e** Gebäude, in dem Haustiere gehalten werden – **das Geschöpf, -e** Lebewesen, das Gott *geschaffen,* gebildet hat – **die Atemnot** Schwierigkeit, genug Luft zu bekommen – **schwellen** *hier:* dick werden – **anfällig** nicht widerstandsfähig, nicht kräftig – **das Futter** Nahrung der Tiere – **der Krankheitsbakterienstamm, ·:e** Bakterien gleicher Art, die krank machen – **der Rückstand, ·:e** das, was zurückbleibt, übrigbleibt – **die Fehlsteuerung, -en** *hier:* Entwicklung in eine falsche, gefährliche Richtung

Fragen zum Text

I. Zum Verständnis

1. Wie leben die Kälber in der Intensiv-Mästerei?
2. Warum werden sie in dieser Weise großgezogen?
3. Nach welchen Kriterien wird das Futter der Tiere zusammengestellt?
4. Welche Folgen haben die Unterbringung und Ernährung für die Tiere?
5. Aus welchen Gründen werden Antibiotika und Hormone unter das Futter gemischt?
6. Welche Nebenwirkung hat die Beimischung von Antibiotika?
7. Welche Gefahren entstehen für Menschen, die vom Fleisch solcher Kälber essen?

II. Zur Erörterung

1. Zu welchem Zweck ist dieser Artikel geschrieben worden?
2. Lesen Sie den ersten Satz des Textes.
   Prüfen Sie nach, ob der Text ein Beispiel liefert für
   a) menschliche Gewinnsucht,
   b) menschliche Gefühllosigkeit gegenüber allem Unrecht,
   c) menschliche Blindheit für die Gesetze der Natur!
   Begründen Sie Ihre Meinung.
3. Kennen Sie andere Beispiele von landwirtschaftlichen Fabriken?
4. Kennen Sie andere Beispiele dafür, daß mit Nahrungsmitteln auch schädliche Stoffe in den menschlichen Organismus gelangen?
5. Stellen Sie sich vor, Sie wären der Besitzer der Kälbermästerei! Was wür-

den Sie gegen den Bericht von Professor Grzimek sagen? (z. B. Notwendigkeit der Rationalisierung und der Massenproduktion, usw)
Sammeln Sie Argumente.
6. Die Meinung von Professor Grzimek und die eines Vertreters der Massenproduktion in der Landwirtschaft stehen sich gegenüber.
Was ist Ihre eigene Meinung zu diesem Thema?

Übungen zum Text

I. a) Nehmen Sie wie im folgenden Beispiel Stellung zu den unten stehenden Aussagen. Gebrauchen Sie die zwei verschiedenen Möglichkeiten.

Auch bei der Tierhaltung gibt es bestimmte Regeln, *die man beachten muß.*

Ja, die Regeln **müssen beachtet werden.** (Passiv)
Ja, die Regeln **sind zu beachten.** (sein + Infinitiv)

1. a) Professor Grzimek spricht in seinem Bericht über eine Intensiv-Kälbermästerei über einen Fall von Tierquälerei, *den man nicht tolerieren kann.*
   b) Ja, diese Tierquälerei . . .
2. a) Für den Gesetzgeber gibt es hier ein Problem, *das er unbedingt lösen muß.*
   b) Richtig, hier gibt es ein Problem, das . . .
3. a) Denn die Grenze zwischen Tierquälerei und gewinnbringender Tierhaltung, *die man schwer festlegen kann,* zieht jeder dort, wo es seinen Interessen entspricht.
   b) So ist es: die Grenze, die . . .
4. a) Bei der Aufzucht von Tieren kommt es heute oft zu Brutalitäten, *die man auch von seiten der Aufsichtsbehörde nicht mehr leugnen kann.*
   b) Da bin ich ganz Ihrer Meinung, daß es heute zu Brutalitäten kommt, die . . .
5. a) Das Elend der Tiere, *das man mit Worten kaum beschreiben kann,* müßte eigentlich jedes Menschen Herz rühren.
   b) Ja wirklich, das Elend der Tiere, das . . .
6. a) Allerdings ist die Produktion von Nahrungsmitteln für Millionen von Menschen ein Faktor, *den man nicht von der Hand weisen kann.*
   b) Da muß ich Ihnen zustimmen, die Produktion von Nahrungsmitteln ist ein Faktor, der . . .

7. a) Die explosionsartige Vermehrung der Bevölkerung, *die man anschei-*
nend durch nichts aufhalten kann, scheint derartige Produktionsmethoden notwendig zu machen.
   b) Gewiß, die Vermehrung der Bevölkerung, die . . .
8. a) Der Zusatz von Medikamenten und Antibiotika zur Tiernahrung hat
Folgen für die menschliche Gesundheit, *die man gar nicht absehen*
kann.
   b) Ganz recht, das hat Folgen, die . . .

b) Das Gerundivum gebraucht man vor allem im Wissenschaftsdeutsch und
im Amtsdeutsch.
Versuchen Sie die obigen Sätze wie in folgendem Beispiel umzuformen.
Überlegen Sie aber von Fall zu Fall, ob die Form des Gerundivums stili-
stisch akzeptabel ist.

Auch bei der Tierhaltung gibt es bestimmte Regeln, *die man beachten*
muß.
Auch bei der Tierhaltung gibt es bestimmte **zu beachtende** Regeln.

II. Finden Sie Synonyme.

a) ständig (Z 22) b) befördern (Z 20–21) c) bewirken (Z 24) d) das Heilmittel (Z 31) e) führen zu (Z 34–35)

III. Nennen Sie Antonyme.

a) nutzlos (Z 8) b) eng (Z 9) c) die Gewichtszunahme (Z 25)

IV. Erklären Sie folgende Ausdrücke aus dem Zusammenhang des Textes:

a) jdn/etw unterbringen (Z 6) b) jdn zwingen (Z 14) c) befördern (Z 20–21)
d) steigern (Z 23) e) (Krankheitsbakterien) übertragen (Z 28) f) den Durst
löschen (Z 15)

V. vgl Z 1: gefühllos Z 8: nutzlos Z 18: eisenfrei

Welches Wort paßt zu welchem Satz? (Wenn nötig – ergänzen Sie auch die
Endung!)

a) pausenlos b) arbeitsfrei c) arbeitslos d) führerlos e) endlos f) zwecklos
g) mühelos h) zollfrei i) ratlos j) salzlos k) fieberfrei l) tadellos m) alko-
holfrei

   1. Das Kleid paßt dir . . . .
   2. Der Kranke ist Gott sei Dank jetzt . . . .

3. Er bemüht sich schon lange um eine Anstellung, aber er ist immer noch
   . . . .
4. Die schwierige Aufgabe hat er schnell und . . . . gelöst.
5. Bemühen Sie sich nicht, alle weiteren Fragen sind . . . .
   . . . . !
6. Die Wartezeit war schrecklich; sie erschien mir . . . . !
7. Da er sonntags arbeitet, hat er montags seinen . . . .
   Tag.
8. An Kinder dürfen nur . . . . Getränke abgegeben
   werden.
9. Der Kranke erhält eine . . . . Diät.
10. Geschenke aus dem Ausland sind nur bis zu einem bestimmten Wert
    . . . .
11. Ständig starten und landen die Flugzeuge, und der . . . .
    . . . . Lärm geht ihm auf die Nerven.
12. Die Besatzung hatte sich von dem brennenden Schiff gerettet, nun trieb
    das Schiff . . . . auf dem Meer.
13. Wie sollte es weitergehen? Sie wußten es nicht, sie waren völlig
    . . . .

VI. vgl Z 30–31: . . . können *sich* Allergien . . . *einstellen*

Das Verb *einstellen* hat – je nach Kontext – verschiedene Bedeutungen.

(sich) einstellen
  sich richten nach
  in die richtige Stellung bringen
  anstellen (= in Dienst nehmen)
  drehen
  bekommen

Formen Sie die folgenden Sätze um, und ersetzen Sie „einstellen" durch den jeweils passenden synonymen Ausdruck.

1. Das Institut hat einen neuen Hausmeister eingestellt.
2. Du mußt das Mikroskop nur richtig einstellen, dann siehst du alles ganz
   scharf.
3. Stellen Sie Ihr Radio bitte etwas leiser ein!
4. Etwa drei Stunden nach dem Genuß der giftigen Pilze stellte sich bei
   allen Familienmitgliedern hohes Fieber ein.
5. Der Lehrer muß sich auf das Wissen seiner Schüler einstellen.

VII. Kontrollieren Sie sich selbst! Wenn Sie den Text gut durchgearbeitet haben, können Sie jetzt leicht Präpositionen und Endungen ergänzen.

1. Gewinnsucht macht den Menschen gefühllos .... all......
   Unrecht und blind .... die Gesetz ... der Natur.
2. Professor Grzimek berichtet .... ein.... Intensiv-Kälbermästerei.
3. 2500 Kälber sind .... ein.... Fabrikgebäude .... völlig.... Dunkelheit untergebracht.
4. Sie leben dort .... ihre.... Geburt bis .... ihr....
   Schlachtung .... Alter .... drei Monat ......
5. .... den eng.... Boxen können sie sich nicht umdrehen.
6. Die Temperatur wird .... 37 Grad gehalten.
7. Die Kälber sollen viel .... ein.... milchähnlichen Flüssigkeit trinken.
8. Sie ist gut .... die Fleischbildung.
9. Die Tiere sind sehr anfällig .... Krankheiten.
10. Man mischt kleine Mengen .... Hormonen .... das Futter.
11. Es entstehen Bakterienstämme, die widerstandsfähig .... Antibiotika sind.
12. Diese Bakterienstämme werden .... den Genuß des Fleisches .... den Mensch.... übertragen.
13. Wenn diese Mittel dann .... Mensch.... angewandt werden, zeigen sie keine Wirkung mehr.
14. Rückstände .... Hormonen können .... unangenehmen Fehlsteuerungen .... menschlichen Hormonhaushalt führen.

19. Stromausfall und seine Folgen

Die Lampen flackerten plötzlich, im Radio krachte es ein paarmal, auf dem Fernsehschirm erschien das Wort „Bildstörung". Dann wurde es dunkel und still. In weiten Teilen Bayerns und Österreichs war für fünfzehn Millionen Menschen der Strom ausgefallen.

5   Wie konnte das passieren? Hatte man doch, gerade um solche Störungen zu verhindern, schon Jahre zuvor das Stromnetz Norddeutschlands mit dem von Bayern verbunden. Durch diese Verbindung der Kraftwerke sollte im

94

Fall einer Störung im norddeutschen Stromnetz die dort benötigte Energie aus dem bayerischen Netz geliefert werden. Im umgekehrten Fall sollte der
10 Strom von Norddeutschland nach Bayern geleitet werden. Was war geschehen, daß dies nicht funktionierte?

Nicht weit vom Frankfurter Flughafen war durch längere Trockenheit der Wald in Brand geraten. Die Flammen dieses Feuers schlugen bis zu den hier besonders niedrig hängenden Stromleitungen hinauf. Das führte
15 schließlich zu einem Kurzschluß, und die einzige Hochspannungsleitung, die zu dieser Zeit Strom von Norden nach Bayern lieferte, war unterbrochen. Das hätte aber dennoch nicht Finsternis für große Teile Bayerns und Österreichs bedeuten dürfen, denn zu jener Zeit bezog Bayern nur drei bis fünf Prozent seiner Energie aus dem norddeutschen Stromnetz. Immerhin muß-
20 ten die bayerischen Kraftwerke diese bis dahin von Norddeutschland gelieferte Energie jetzt zusätzlich aufbringen. Nun haben aber alle Kraftwerke Schutzschalter, die die ganze Anlage abschalten, wenn zu viel Strom von ihr verlangt wird. Und diese Schutzschalter funktionierten sehr gut. Sie legten ein Kraftwerk nach dem anderen still; denn je mehr von ihnen ausfielen, um
25 so höher stiegen die Anforderungen an die noch laufenden Kraftwerke, die nun ebenfalls automatisch abgeschaltet wurden. So kam es, daß Bayern und Österreich zu großen Teilen innerhalb weniger Sekunden ohne Strom waren.

Was sich in den folgenden Stunden ereignete, war nicht nur harmlos oder komisch: Da saßen die Frauen beim Frisör mit nassen Haaren, die
30 nicht mehr elektrisch getrocknet werden konnten; die elektrischen Pumpen der Tankstellen standen still, ebenso wie die Registrierkassen der Läden und Kaufhäuser. U-Bahnen lagen in finsteren Tunneln fest, und besetzte Fahrstühle blieben zwischen den Etagen hängen; Verkehrsampeln fielen aus, und beim Zahnarzt blieb der Bohrer stehen.
35 Das alles mag für ein paar Stunden noch erträglich sein; denn auf Kühlschränke, warmes Essen, Fernsehen und elektrische Haartrockner kann der moderne Mensch wohl eine Zeitlang verzichten. Gefährlich aber wurde es für einen Mann, der in seiner Wohnung an eine Herz-Lungen-Maschine angeschlossen war. Ihn rettete der Notarzt. Einem anderen Kranken half die
40 Feuerwehr mit einem Notstromaggregat aus, das die künstliche Niere wieder in Betrieb setzte. Und am Tage nach dem Stromausfall meldete die Wirtschaft Schäden in Millionenhöhe; denn die Arbeitszeit hatte verkürzt werden müssen, weil Maschinen und Produktionsbänder stillstanden. Die Zeitungen waren mit geringerer Seitenzahl erschienen, weil in den Drucke-
45 reien die Maschinen ausgefallen waren.

Nach über zwei Stunden war der Schaden endlich behoben. Die Menschen konnten sich aus U-Bahnen und Fahrstühlen befreien, und das normale Leben ging wieder seinen Gang.

Immerhin verbergen sich hinter diesem Ereignis Probleme, die an die
50 Existenz der modernen Gesellschaft reichen: Wie kann man zum Beispiel
verhindern, daß mit einem Sprengsatz an der richtigen Stelle und zur richtigen Zeit die halbe Bundesrepublik im Dunkeln liegt? Kann etwa ein gezielter Zusammenbruch des Stromnetzes das ganze wirtschaftliche System lahmlegen?

Nach: Rolf Henkel, *Haare naß, Bild weg, Radio tot, Die Zeit,* 23. April 1976

Worterklärungen

flackern unruhig brennen – **in Brand geraten** plötzlich zu brennen beginnt – **die Hochspannungsleitung, -en** Leitung mit hoher elektrischer Spannung – **die Finsternis** Dunkelheit – **etw beziehen von** etw bekommen von – **zusätzlich** noch dazu – **harmlos** ungefährlich – **die Registrierkasse, -n** Gerät, auf dem die Preise für die gekauften Waren getippt und zusammengerechnet werden – **finster** dunkel – **die Etage, -n** das Stockwerk – **der Bohrer, -** *hier:* Instrument zum Aushöhlen beschädigter Zähne – **das Notstromaggregat, -e** Gerät, das unabhängig vom normalen Stromnetz ist und im Notfall Strom liefern kann – **etw beheben** etw wieder in Ordnung bringen – **an die Existenz von etw reichen** *hier:* den Kern von etw treffen und damit in Gefahr bringen – **der Sprengsatz, ⁼e** Explosionskörper – **gezielt** *hier:* genau berechnet – **etw lahmlegen** zum Stillstand bringen

Fragen zum Text

I. Zum Verständnis

1. Zu welchem Zweck ist das norddeutsche Stromnetz mit dem bayrischen verbunden?
2. Wie wurde die Verbindung zwischen beiden Stromnetzen unterbrochen?
3. Wie wirkte sich die Unterbrechung auf die bayerischen Kraftwerke aus?
4. Welche harmlosen, welche gefährlichen Folgen brachte der Stromausfall mit sich?
5. Warum entstand großer Schaden für die Wirtschaft?
6. Auf welche Gefahren und Probleme macht das Ereignis aufmerksam?

II. Zur Erörterung

1. Ergänzen Sie die Abschnitte 5 und 6, indem Sie weitere Beispiele von möglichen Folgen zusammenstellen.
2. Versuchen Sie, die beiden Fragen des Schlußabschnitts zu beantworten.
3. Durch welche anderen Geschehnisse könnte das wirtschaftliche System einiger Industrienationen schwer gestört bzw lahmgelegt werden?

4. Werden an diesem Ereignis noch weitere Probleme der modernen Industriegesellschaft deutlich?

III. Zur Anlage des Textes

1. Welche Aufgabe haben die Abschnitte 1, 4, 5 und 7 im Zusammenhang des Textes?

IV. Sprechen und Schreiben

1. Berichten Sie über das Ereignis aus der Sicht eines der betroffenen Großstädter, die im Text erwähnt werden!
2. Schreiben Sie eine Zeitungsmeldung über das Ereignis!

Übungen zum Text

I. Von welchen elektrischen Maschinen und Geräten ist im Text die Rede?

Nennen Sie andere elektrische Maschinen und Geräte a) im Haushalt b) in Handwerk und Industrie.

II. vgl Z 49: . . . die an die Existenz der modernen Gesellschaft *reichen.*

Das Verb *reichen* hat – je nach Kontext – unterschiedliche Bedeutungen.

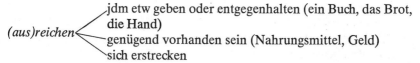

(aus)reichen
jdm etw geben oder entgegenhalten (ein Buch, das Brot, die Hand)
genügend vorhanden sein (Nahrungsmittel, Geld)
sich erstrecken

a) Welche dieser Bedeutungen hat „reichen" in den folgenden Sätzen?

1. Reichte die Kraft der Bayerischen Kraftwerke nicht aus, nachdem die Stromzufuhr aus dem Norden unterbrochen war?
2. Reichten die Auswirkungen des Waldbrandes bis nach Österreich?
3. Reichte die Zeit dennoch, um die Zeitungen in gewohnter Seitenzahl zu drucken?

b) Ersetzen Sie in den folgenden Sätzen das Verb „reichen" durch den passenden synonymen Ausdruck (siehe oben).

1. Würden Sie mir bitte das Salz reichen?
2. Unser Grundstück reicht bis zur Straße.
3. In vielen Gemeinden reichen die Wasservorräte nicht.
4. Er reichte ihm die Hand zur Versöhnung.

*III. Formen Sie die untenstehenden Sätze wie in den Beispielen um. Benut-
zen Sie die passenden Modalverben zum Ausdruck der Vermutung.*

a) Man sagt, daß der Journalist sich geirrt hat – aber das ist nicht bewiesen, sondern vielleicht nur ein Gerücht.
Der Journalist **soll** sich **geirrt haben.**

b) Der Journalist behauptet, daß er die volle Wahrheit geschrieben
habe – aber darf man ihm glauben?
Der Journalist **will** die volle Wahrheit **geschrieben haben.**

c) Der Journalist hat etwas mißverstanden – jedenfalls ist das möglich.
Der Journalist **kann (könnte)** etwas **mißverstanden haben.**

d) An einer Stelle hat der Journalist einen Fehler gemacht – das ist
sehr wahrscheinlich.
An einer Stelle **muß** der Journalist einen Fehler **gemacht haben.**

1. Man berichtet, daß in Bayern für einige Stunden der Strom ausgefallen
ist – aber das Gerücht ist bisher nicht bestätigt.
2. Die zuständigen Behörden behaupten, daß sie davon nichts gewußt hätten – aber man kann ihnen nicht ganz glauben.
3. Ein Brand in der Nähe des Frankfurter Flughafens war die Ursache des
Unglücks – das ist jedenfalls sehr wahrscheinlich.
4. Man sagt, daß die einzige Hochspannungsleitung, die Strom von Norden
nach Bayern liefert, durch das Feuer zerstört worden ist – aber das ist
noch nicht bewiesen.
5. Die automatischen Schutzschalter in den bayerischen Kraftwerken haben sich zu früh abgeschaltet – jedenfalls ist das möglich.
6. Die Ingenieure der bayerischen Kraftwerke behaupten, daß sie völlig
überrascht gewesen seien, als innerhalb von Minuten das gesamte
Stromnetz zusammenbrach – aber darf man ihnen glauben?
7. Es wird berichtet, daß bei dem plötzlichen Stromausfall einige promi-
nente Leute in München in sehr unangenehme Situationen geraten sind
– aber das ist bisher nur ein Gerücht.
8. Ein Notarzt behauptet, daß er einem Kranken in letzter Sekunde das
Leben gerettet habe – aber kann man das glauben?
9. Es wird berichtet, daß der Wirtschaft infolge des Stromausfalls Millio-
nenschäden entstanden sind – aber das ist noch nicht bewiesen.
10. Der Stromausfall in Bayern war für alle Betroffenen ein Schock – das ist
sehr wahrscheinlich.

IV. vgl Z 35–37: . . . auf Kühlschränke *. . . verzichten*

Auf welche elektrischen Geräte und Maschinen kann man in einer Industriegesellschaft für einige Tage verzichten, auf welche nicht?
Diskutieren Sie über verschiedene Beispiele und begründen Sie Ihre Meinung ähnlich wie in folgendem Muster.

„Könnten Sie *auf* Ihre elektrische Kaffeemaschine einige Tage *verzichten?*"

„Natürlich, ich kann ohne weiteres einige Tage **darauf verzichten**, meine Kaffeemaschine **zu benützen**: Ich trinke nur Tee, oder ich koche Kaffee auf traditionelle Art."

Und wie ist das mit

a) dem Elektrorasierer? b) dem Elektroherd? c) dem Kühlschrank? d) der Melkmaschine? e) der elektrischen Fütterung in der Hühnerfarm? f) den elektrischen Maschinen in der Metzgerei? g) dem ölbeheizten Backofen des Bäckers? h) der Gaszentralheizung vieler Appartementhäuser?

Wachsender Komfort durch elektrische Energie

Der Energieverbrauch wächst besonders beim elektrischen Strom seit Jahrzehnten. Grund dafür ist vor allem die zunehmende Zahl von elektrischen Haushaltsgeräten.

99

20. Pro und contra Atomenergie

Anzeige in: *Der Spiegel*, 47/1975

Strom hilft ordnen. Strom darf nicht knapp werden,

weil wir immer mehr Strom brauchen.
Für Ampeln, U-Bahnen und Beleuchtungen.
Für mehr automatische Sicherheit im Flugverkehr
in der Schiffahrt, auf den Schienen.
Für umweltfreundliche, abgasfreie Elektrobahnen
und -autos.
Wir brauchen viel mehr Strom — überall.

**Mit Kernkraftwerken kann der wachsende
Strombedarf gedeckt werden.**
Sie stehen an Flüssen, weil sie Kühlwasser
brauchen. Wo es notwendig ist, werden sie mit aufwendigen Kühlsystemen ausgestattet, die eine unzu-
lässige Wärmebelastung der Gewässer verhindern.
Kernkraftwerke sind umweltfreundlich.
Sie verschmutzen nicht die Luft.
Sie sind sicher gebaut und unschädlich. Die
zusätzliche Strahlendosis durch Kernkraftwerks-
anlagen beträgt im Jahresdurchschnitt weniger als
1 Milli-rem (mrem).
(mrem = Maßeinheit für radioaktive Strahlen.)

Das schadet uns nicht. Denn wir leben mit viel,
viel mehr Radioaktivität: Allein durch die Sonne
erhalten wir je nach Standort 35 - 70 mrem pro Jahr.
Und die Explosionsgefahr? Sie ist
durch das Prinzip der „gesteuerten Reaktionen"
ausgeschlossen.

**Wollen Sie mehr über die Möglichkeiten der
friedlichen Nutzung von Kernkraft wissen? Damit
Sie mitreden können? Dann schreiben Sie uns.**
Wir informieren Sie ausführlich über die Kraft-
werke, die gebaut werden müssen. Weil nur genügend
Strom uns allen einen sicheren, umweltfreundlichen
Fortschritt und ein geordnetes Leben garantiert.

deshalb brauchen wir Kernkraftwerke.

Informationszentrale der Elektrizitätswirtschaft e. V. – IZE –
53 Bonn, Uhlandstraße 19

 Die deutschen Elektrizitätswerke

Als man in Wyhl, einem kleinen Ort im südlichen Rheintal, ein Atomkraftwerk errichten wollte, schlossen sich mehrere Gruppen von Franzosen und Deutschen, sogenannte „Bürgerinitiativen", zur „Internationalen Rheintalaktion" zusammen. Sie protestierten mit der Besetzung des Bauplatzes und mit dem folgenden Flugblatt gegen den geplanten Kernkraftwerkbau.

R H E I N T A L - AKTION S O S   PLAINE DU RHIN

D-7500 Karlsruhe 21   3, Grand Rue
Schliffkopfweg 31 A   F-67420 Saâles

---

1 2   F r a g e n   zur   "friedlichen"   Nutzung   der   Atomenergie

---

I s t   I h n e n   b e k a n n t ,

- daß keine deutsche Versicherung bereit ist, Privatleute für Atomenergieschäden zu versichern, daß die ALLIANZVERSICHERUNG einem Antragstel-
  ler schrieb : "Grundsätzlich sind Kernenergieschäden durch die Feu-
  erversicherung nicht gedeckt und auch nicht versicherbar. Bei der
  Schwere und Unüberschaubarkeit des Risikos ist die Einbringung in
  einen Pool erforderlich. Der nationale Versicherungsmarkt, den die
  Versicherer zur Abdeckung der Risiken benötigen, reicht hier nicht
  aus." ... ?

- daß bei einer Reaktorkatastrophe in Ludwigshafen bis zu 1,6 Millionen
  Menschen ums Leben kommen könnten (Dr. Lindackers) ? - Dazu kämen
  Erbschäden der Überlebenden über 30 Generationen hin.

- daß es irreführend ist, nur von Atomkraftwerken zu sprechen und zu ver-
  schweigen, daß die dazugehörigen Wiederaufbereitungsanlagen ein
  Vielfaches an Radioaktivität freisetzen ?

- daß 10 Prozent der Radioaktivität einer großen Wiederaufbereitungsanlage
  genügte, zweimal die Schweiz zu verseuchen ?

- daß in einem Reaktor die Radioaktivität von über 1000 Hiroshimabomben
  entsteht, ohne daß schwerste Unfälle durch technische Mängel, mensch-
  liches Versagen, Krieg oder Sabotage ausgeschlossen werden können ?

- daß die Behörden sich scheuen, über Katastropheneinsatzpläne öffentlich
  zu diskutieren oder sie bekanntzugeben ?

- daß es bei Durchsetzung der bestehenden Pläne diesseits und jenseits des
  Rheins einen dichtest bestückten Nuklearpark gäbe, wie sonst nirgends
  auf der Welt, obwohl man weiß, daß Kraftwerke für einen Feind die
  attraktivsten Ziele sind ?

- daß man bereits im zweiten Weltkrieg mit 80-cm-Geschossen 1000 mm dicken
  Panzerstahl und 7 m dicke Betonschichten durchschlagen konnte, während die äußeren Betonhüllen eines Atomkraftwerks allenfalls gut 1 m
  stark sind und daß es nur wenig nutzen würde, im Falle gewaltsamer
  Auseinandersetzungen die Reaktoren abzuschalten ?

- daß in Atomkraftwerken große Mengen des höchstgiftigen Plutoniums erzeugt
  werden, obwohl man weiß, daß ein Millionstel Gramm davon eingeatmet
  Lungenkrebs erzeugen kann, obwohl man weiß, daß Plutonium über 240000
  Jahre lang radioaktiv bleibt, obwohl man weiß, daß dafür nie eine
  hundertprozentig sichere Abschirmung gewährleistet werden kann ?

- daß es für die Dauerlagerung hochradioaktiven Mülls kein erprobtes Verfahren gibt ?

- daß aus dem Naßkühlturm eines großen Reaktors täglich etwa 50 Millionen
  Liter Wasser als Dampf an die Luft abgegeben werden, und dies nach
  den bestehenden Plänen vielfach entlang des Rheines in einem verhält-
  nismäßig wenig durchlüfteten Gebiet mit den Folgen zusätzlicher
  Nebel, Sonnenscheinreduzierung und vermehrter Glatteisbildung ?

- daß Atomkraftwerke selbstverständlich gigantische Industrien anziehen
  würden, deren Umweltprobleme heute noch in keiner Weise befriedi-
  gend gelöst sind ?

Worterklärungen zu „Strom hilft ordnen"

knapp etw ist nicht genug vorhanden – **abgasfrei** ohne schädliche Gase, die von der Industrie an die Luft abgegeben werden – **aufwendig** *hier:* teuer – **etw mit etw ausstatten** *hier:* etw mit etw einrichten – **unzulässig** unerlaubt – **die Strahlendosis** eine bestimmte Menge von Strahlen – **gesteuerte Reaktion, -en** Reaktion, die in eine bestimmte gewünschte Richtung gelenkt wird

Worterklärungen zu „12 Fragen zur friedlichen Nutzung . . ."

Einbringung in einen Pool *hier:* Zahlung der Versicherungsgelder in einen gemeinsamen „Topf", an dem verschiedene Versicherungsgesellschaften beteiligt sind (pool *[engl.]* = Teich) – **der Erbschaden, ⁚** *Schaden, der sich in späteren Generationen der Menschen immer wieder zeigt; er wird* vererbt – **die Wiederaufbereitungsanlage, -n** Fabrik, die aus den abgebrannten Brennelementen die noch nutzbaren Brennstoffe (Uran, Plutonium) herauszieht, um sie wieder zu verwenden – **das Versagen** *hier:* Fehler – **sich scheuen vor** *hier:* nicht gern tun – **der Katastropheneinsatzplan, ⁚e** Plan, der regelt, was bei einer Katastrophe zu tun ist – **dichtest bestückter Nuklearpark** *hier:* Gebiet, in dem viele Atomkraftwerke stehen – **das 80-cm-Geschoß, -sse** Granate – **der Panzerstahl** besonders fester Stahl zur Sicherung von Kriegsfahrzeugen – **die Betonhülle, -n** *hier:* die Betonmauern um das Kraftwerk – **die Abschirmung** *hier:* Schutz – **gewährleisten** *hier:* garantieren – **erprobt** geprüft – **der Naßkühlturm, ⁚e** turmartiges Gebäude, aus dem das Kühlwasser, das im Atomkraftwerk erhitzt wurde, seine Wärme an die Luft abgibt – **die Sonnenreduzierung** Reduzierung der Sonneneinstrahlung – **gigantisch** sehr groß

Fragen zu den Texten

I. Zum Verständnis der Anzeige: „Strom hilft ordnen."

1. Welche Verbindung besteht zwischen Text und Bild?
2. Wozu wird immer mehr Strom gebraucht?
3. Was muß bei der Wahl des Standorts für ein Kernkraftwerk beachtet werden?
4. Welche Vorteile von Kernkraftwerken werden im Text genannt?
5. Bringen Kernkraftwerke auch Gefahren für die Menschen in ihrer Umgebung mit sich? Was sagt dazu der Text?
6. Warum müssen Kernkraftwerke gebaut werden?

II. Zum Verständnis des Textes: „12 Fragen zur ‚friedlichen' Nutzung der Atomenergie."

1. Warum können sich Privatleute nicht gegen Atomenergieschäden versichern?
2. Welche Folgen könnte eine Reaktorkatastrophe im Rheintal haben?
3. Warum muß man, wenn man die Gefährlichkeit der Kernkraftwerke diskutiert, auch von den Wiederaufbereitungsanlagen sprechen?
4. Warum stellen Kernkraftwerke eine so große Gefahr dar?
5. Was spricht gegen den Bau mehrerer Kernkraftwerke auf engem Raum?
6. Warum können Kernkraftwerke kaum gegen eine gewaltsame Zerstörung geschützt werden?
7. Welche Gefahren sind mit der Produktion von Plutonium verbunden?
8. Wie wird die Umwelt durch Kernkraftwerke belastet?

III. Zur Erörterung

1. Welcher Interessenkonflikt wird durch die beiden Texte deutlich?
2. Welche Ursachen hat dieser Konflikt?
3. Wie könnte er Ihrer Meinung nach gelöst oder abgeschwächt werden?

IV. Zur Anlage der Texte

1. Welchen Interessen dienen die Texte? An wen sind sie gerichtet?
2. Welche Textsorten (= Textarten) liegen vor? Untersuchen Sie die Wortwahl, den Satzbau, den Stil, den Aufbau der Texte, die optische Wirkung!
3. Untersuchen Sie die Texte auf Informationen, Argumente, Behauptungen, Vermutungen und Manipulationen!
4. Beide Texte sind entweder für bzw gegen den Bau von Kernkraftwerken. Nehmen Sie unter Berücksichtigung beider Seiten zur Frage Stellung, ob Kernkraftwerke gebaut werden sollen oder nicht!

Übungen zum Text: „Strom hilft ordnen"

I. Finden Sie Synonyme.

a) pro Jahr (Z 26) b) die Nutzung (Z 31)

II. Erklären Sie die folgenden Ausdrücke.

a) die Beleuchtung (Z 5) b) die Schiene (Z 7) c) das Kühlwasser (Z 13)
d) das Gewässer (Z 16) e) zusätzlich (Z 20) f) je nach Standort (Z 26)
g) ausführlich (Z 33)

III. vgl Z 11–12: Mit Kernkraftwerken kann der . . . Bedarf *gedeckt* werden.

Das Verb *decken* hat – je nach Kontext – unterschiedliche Bedeutungen.

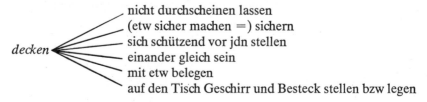

decken
- nicht durchscheinen lassen
- (etw sicher machen =) sichern
- sich schützend vor jdn stellen
- einander gleich sein
- mit etw belegen
- auf den Tisch Geschirr und Besteck stellen bzw legen

Umschreiben Sie in den folgenden Sätzen die Bedeutung des Verbs „dek-ken".

1. Der Bedarf an Rohstoffen ist für mindestens ein halbes Jahr gedeckt.
2. Hast du den Tisch schon gedeckt?
3. Die beiden Figuren decken sich vollständig.
4. Wir lassen das Dach mit Ziegeln decken.
5. Die Marine-Infanterie mußte den Rückzug der eigenen Truppen decken.
6. Diese dunkelgrüne Farbe deckt das Hellblau der Wände ab, umgekehrt geht das allerdings nicht.
7. Der Einbrecher versuchte vor Gericht seinen Komplizen zu decken.
8. Die politischen Ansichten der beiden Kernkraftgegner deckten sich keineswegs.

IV. vgl Z 14–15: . . . werden sie mit aufwendigen Kühlsystemen *ausgestattet.*

Was paßt zusammen? (Es gibt mehrere Möglichkeiten.)
Bilden Sie Sätze.

1. Straßenkreuzungen 2. Elektrolokomotiven		a) elektronische Geräte b) zahlreiche Sicherungseinrichtungen
3. Flugzeuge 4. U-Bahnhöfe	ausstatten mit	c) elektrische Ampeln d) zahlreiche Beleuchtungskörper
5. Atomkraftwerke		e) starke Elektromotoren

Übungen zum Text:
„12 Fragen zur ‚friedlichen' Nutzung der Atomenergie"

I. Finden Sie Synonyme.

a) benötigen (Z 12) b) die Mängel (pl.) (Z 23) c) allenfalls (Z 33) d) das Verfahren (Z 41–42)

II. Erklären Sie die folgenden Ausdrücke aus dem Zusammenhang des Textes:

a) die Unüberschaubarkeit (Z 10) b) irreführend (Z 17) c) verseuchen (Z 21) d) freisetzen (Z 19) e) die Durchsetzung (Z 27) f) die Auseinandersetzung (Z 35) g) durchlüftet (Z 46) h) das Glatteis (Z 47)

III. vgl Z 48: – daß Atomkraftwerke . . . Industrien *anziehen* würden.

Das Verb *anziehen* hat – je nach Kontext – unterschiedliche Bedeutungen.

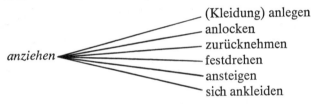

anziehen
- (Kleidung) anlegen
- anlocken
- zurücknehmen
- festdrehen
- ansteigen
- sich ankleiden

Formen Sie die folgenden Sätze um, und ersetzen Sie „anziehen" durch den jeweils passenden synonymen Ausdruck.

1. Die Protestveranstaltung zog zahlreiche Besucher an.
2. Würden Sie bitte die Beine anziehen? Ich möchte hier durch!
3. Er zog sich an und ging zum Frühstück.
4. Du mußt die Schrauben anziehen, sonst fällt die Maschine auseinander!
5. Die Soldaten hatten ihre Uniform angezogen.
6. Die Preise für Südfrüchte ziehen wieder an.

IV. Übung zur Diskussion

Jemand ist für die Nutzung von Atomenergie.
Ein anderer argumentiert dagegen.

> *Pro:*
> Wir dürfen unsere Kohle- und Erdölreserven nicht ganz aufbrauchen.
> *Contra:*
> (noch große Vorräte vorhanden/immer wieder werden neue Vorräte gefunden)
> **Meines Wissens** sind noch große Vorräte vorhanden. Und **ich bin der Überzeugung, daß** auch immer wieder neue Vorräte gefunden werden.

Übernehmen Sie die Rolle eines Gegners der Atomenergie und nehmen Sie Stellung wie im obigen Muster.
Hier einige weitere Beispiele, wie Sie Ihre Stellungnahme einleiten können:

Ich bin der Meinung, daß . . .
Meiner Meinung nach . . .
Meines Erachtens . . .
Ich stehe auf dem Standpunkt, daß . . .

Pro:	*Contra:*
1. Wir dürfen unsere Kohle- und Erdölreserven nicht ganz aufbrauchen!	(noch große Vorräte vorhanden/fast täglich werden neue Vorräte gefunden)
2. Wir brauchen Atomkraftwerke für den Ausbau der Industrie und für den Fortschritt!	(genug Industrie/genug Fortschritt/ mehr Fortschritt ungesund/Umwelt darf nicht noch mehr vergiftet werden)
3. Kernkraftwerke sind umweltfreundlich; sie verschmutzen die Luft nicht!	(Verseuchung der Luft und des Wassers bei Unfällen/starke Verschmutzung durch Wiederaufbereitungsanlagen)
4. Atomkraftwerke sind sicher!	(nicht sicher genug, wenn bei einer Katastrophe Hunderttausende ums Leben kommen können)

5. Die Betonhüllen eines Reaktors sind etwa einen Meter dick! (80 cm-Geschosse durchschlagen Reaktorwände leicht/menschliches Versagen/Sabotage)

6. Die übermäßige Erwärmung des Flußwassers kann verhindert werden, indem Naßkühltürme die Aufgabe der Kühlung übernehmen! (zusätzlicher Nebel/Sonnenscheinreduzierung / Glatteisbildung / Änderung des Ortsklimas/negative Auswirkungen in der Landwirtschaft)

7. Die Lagerung radioaktiven Mülls in Salzbergwerken bietet eine ausreichende Sicherheit! (Erdbeben können zu Wassereinbrüchen führen/Wasservergiftung bedeutet Katastrophe)

8. Unsere traditionellen Energiereserven werden bald nicht mehr ausreichen. Die Ausnützung von Sonnenenergie ist aber in der näheren Zukunft noch nicht möglich, da die Forschung auf diesem Gebiet noch nicht weit genug ist. (berechtigt nicht zum Ausbau eines Systems von Kernkraftwerken/Forschung zur Ausnützung von Sonnenenergie und geothermischer Energie muß besonders gefördert werden)

21. Wird die Fließbandarbeit abgeschafft?

Das Fließband, heute noch unentbehrliches Hilfsmittel rationeller Massenfertigung, soll bald der Vergangenheit angehören. Dafür wird, so prophezeien amerikanische Arbeitswissenschaftler, in den Fabriken der Zukunft die „totale Produktion" vorherrschen.

5 Bei dieser Produktionsmethode hat der Arbeiter einen relativ komplexen Arbeitsvorgang zu verrichten und nicht – wie bei der Fließbandfertigung – nur wenige mehr oder minder stumpfsinnige Handgriffe zu tun. Zweck der Umstellung, die an die vorindustrielle Arbeitstechnik erinnert: Der Arbeiter soll sich wieder stärker mit seiner Arbeit identifizieren können.

10 Als eine der ersten US-Firmen schaffte der Elektronik-Konzern Motorola im US-Staat Florida die Fließbandarbeit ab. Noch bis vor kurzem wurde dort ein elektronisches Gerät am Fließband zusammengesetzt: Eine Arbeiterin lötete Drähte zusammen, eine andere montierte Transistoren und Dioden, eine dritte installierte die Empfangsantenne, eine vierte bereitete das

15 Gehäuse vor – und so weiter.

Heute fügt jede Arbeiterin sämtliche achtzig Einzelteile allein zusammen. Jede sortiert, lötet, installiert, verbindet, – bis das Gerät fertig ist. Zum

Fließbandarbeit:
Montage von Photo-
apparaten

Ein anderer als der im Text beschriebene Weg, vom
Fließband wegzukommen, ist die Gruppenmontage.
Hier montieren drei Arbeiter zusammen einen
Motor in einem deutschen Automobilwerk.

Schluß testet jede Arbeiterin ihr selbstgefertigtes Produkt. Die neue Produktionsmethode ist zwar teurer als die alte Fließbandarbeit (bei gleicher
20 Stückzahl werden 25 % mehr Arbeitskräfte benötigt). Aber dafür spart Motorola bei der Qualitäts- und Endkontrolle.

    Kundenklagen sind neuerdings so gut wie unbekannt. Jede Arbeiterin
legt dem fertig verpackten Produkt ein unterschriebenes Zertifikat bei:
„Sehr geehrter Kunde, ich habe dieses Gerät vollständig und allein zusam-
25 mengesetzt und bin stolz darauf. Ich hoffe, es wird Ihnen gute Dienste lei-
sten. Bitte schreiben Sie mir, wenn irgend etwas nicht in Ordnung ist."

    Die Motorola-Firmenleitung stellt fest: „Es wird nicht mehr so oft ge-
kündigt von seiten der Arbeiterschaft. Durch die Abkehr vom Fließband-
system haben wir eine aufgeschlossene Gruppe selbständiger Arbeiterinnen
30 geschaffen, denen ihre Arbeit Spaß macht."

    So wie Motorola sind auch andere US-Unternehmen vom Fließband ab-
gekommen.Freilich werden auch in fernerer Zukunft viele Firmen auf das
Fließband nicht ganz verzichten können. Vor allem in der Automobilindu-
strie, die das Fließband als erste eingeführt hatte (Ford 1913), wird es
35 schwierig sein, vom Montageband zur totalen Produktion überzugehen.

Nach: *Gegen Pfusch, Der Spiegel,* Nr. 41, 1971

Worterklärungen

das Fließband, ⁝er laufendes Band in Fabriken für den Zusammenbau von Einzelteilen – **etw ist unentbehrlich** man kann ohne etw nicht auskommen; es wird dringend gebraucht – **die Massenfertigung, -en** Herstellung großer Mengen des gleichen Produkts – **total** *hier:* ungeteilt – **vorherrschen** am meisten vorhanden sein – **etw verrichten** etw machen, durchführen – **stumpfsinnig** *hier:* monoton, deshalb keine Intelligenz fordernd – **die Umstellung, -en** *hier:* Änderung der Arbeitsmethode – **löten** *hier:* zwei Drähte mit geschmolzenem Metall (Zinn) miteinander verbinden – **die Diode, -n** Elektronenröhre (Transistor) mit zwei Elektroden – **das Gehäuse, -** Kasten, äußerer Mantel um ein Gerät – **sortieren** ordnen – **das Zertifikat, -e** *hier:* Papier, Bescheinigung – **kündigen** erklären, daß man eine Arbeitsstelle aufgeben will – **die Abkehr** Abwendung – **aufgeschlossen** *hier:* interessiert – **von etw abkommen** *hier:* mit etw aufhören

Fragen zum Text

I. Zum Verständnis

1. Durch welche Produktionsmethode könnte die Fließbandarbeit ersetzt werden?
2. Wie unterscheidet sich die „neue Methode" von der Fließbandarbeit?
3. Wie wird z. B. ein elektronisches Gerät in Fließbandarbeit hergestellt?
4. Wie wird das gleiche Gerät in der „totalen Produktion" hergestellt?
5. Welche Vorteile, welchen Nachteil hat die neue Methode für die genannte Firma?
6. Wie reagieren die Arbeiter auf die neue Produktionsmethode?
7. Wo kann auf das Fließband noch nicht verzichtet werden?

II. Zur Erörterung

1. Warum ist das Fließband heute noch auf manchen Gebieten unentbehrlich?
2. Welche Bedingungen müssen gegeben sein, damit die Fließbandarbeit eingesetzt werden kann? Berücksichtigen Sie – z. B. am Beispiel des Autos – den Produktionsprozeß, den Absatz (= Verkauf der Ware), die Wirtschaftslage!
3. Wie erklären Sie sich, daß gerade in den USA, in Schweden und jetzt auch in der Bundesrepublik Deutschland Versuche mit der neuen Produktionsmethode laufen?
4. Welche Anforderungen stellen die verschiedenen Produktionsmethoden an den Arbeiter?

5. Welche Konsequenzen ergeben sich bei jeder Methode für den Arbeiter
   a) bei der Ausbildung,
   b) bei der Arbeit,
   c) beim Wechsel des Arbeitsplatzes,
   d) bei einer Betriebsschließung?

Übungen zum Text

I. vgl Z 1: Das Fließband, heute noch *unentbehrliches* Hilfsmittel . . .

Die Kritik am Fließband, (ein heute noch unentbehrliches Hilfsmittel), . . .

Die Kritik am Fließband, **einem heute noch unentbehrlichen Hilfsmittel,** *wächst ständig.*

Verwenden Sie den Ausdruck in der Klammer als Apposition, und vollenden Sie den Satz sinngemäß. (Beachten Sie, daß die Apposition im gleichen Fall wie das Beziehungswort stehen muß.)

1. Bei der „totalen Produktion", (eine an die vorindustrielle Technik erinnernde Arbeitsmethode), . . .
2. Bei „Motorola", (ein amerikanischer Elektronik-Konzern), . . .
3. Kundenklagen, (eine bei der Fließbandproduktion nicht seltene Erscheinung), . . .
4. Auf einem beigelegten Blatt, (ein von der jeweiligen Arbeiterin unterschriebenes Zertifikat), . . .
5. Die Firmenleitung ist mit dem Erfolg der „totalen Produktion", (eine auch von den Arbeiterinnen positiv aufgenommene Arbeitsmethode), . . .
6. Viele Firmen sind vom Fließband, (eine den Menschen negativ beeinflussende Arbeitsmethode), . . .
7. Insbesondere in der Autoindustrie, (ein ganz auf rationelle Massenfertigung angewiesener Industriezweig), . . .
8. Der Vorteil des Montagebands, (eine erstmals von Henry Ford eingeführte Arbeitsmethode), . . .

II. Finden Sie Synonyme.

a) montieren (Z 13) b) testen (Z 18) c) benötigen (Z 20) d) feststellen (Z 27) e) auf etw übergehen (Z 35)

III. Erklären Sie:

a) bald der Vergangenheit angehören (Z 2) b) der Konzern (Z 10) c) die Antenne (Z 14) d) zusammenfügen (Z 16) e) selbständig (Z 29) f) verzichten (Z 33)

IV. vgl Z 21–22: Aber dafür *spart* Motorola *bei* der ... Endkontrolle.

Das Verb *sparen* kann verschiedene Ergänzungen haben.

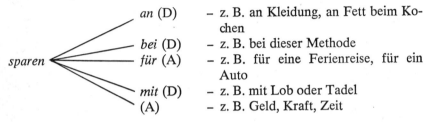

	an (D)	– z. B. an Kleidung, an Fett beim Kochen
sparen	*bei* (D)	– z. B. bei dieser Methode
	für (A)	– z. B. für eine Ferienreise, für ein Auto
	mit (D)	– z. B. mit Lob oder Tadel
	(A)	– z. B. Geld, Kraft, Zeit

a) Setzen Sie die richtige Präposition ein.

1. Er spart .... ein neues Auto.
2. Was er .... Essen und Trinken spart, gibt er für sein Hobby aus.
3. Schließe einen Sparvertrag bei der Bank ab, ... dieser Sparform sparst du am meisten.
4. Er sparte nicht .... freundlichen Worten.
5. Ich spare .... eine Reise nach Kanada.
6. Hier sparen Sie .... ihren Einkäufen mindestens zehn Prozent!

b) In welcher Situation könnte man folgende Bemerkungen hören?

1. „Spar dir deine albernen Bemerkungen!"
2. „Den Weg hättest du dir sparen können!"

V. Welches Wort paßt in welchen Satz? Setzen Sie den richtigen Ausdruck ein.

a) rationell (Z 1) b) rational c) rationiert

1. Das ist ein .... veranlagter Mensch, er würde sich nie von Gefühlen leiten lassen!
2. Im Krieg waren die Lebensmittel ...., und man mußte sehr sparsam damit umgehen.
3. Wenn Sie sparen wollen, müssen Sie .... arbeiten.

a) relativ (Z 5) b) relevant c) realistisch

1. Das ist ein .... günstiger Preis für diese Ware!
2. Der Film war ....; so war es in jener Zeit wirklich!
3. Was nicht .... ist, wollen wir jetzt nicht behandeln,
   sonst werden wir heute nicht fertig.

a) infizieren b) intensivieren c) identifizieren (Z 9)

1. Der Arzt kann sich bei den Kranken leicht ....
2. Mit dieser Meinung möchte ich mich nicht ...., obwohl ich Verständnis dafür habe.
3. Der Kaufmann will die Beziehungen zu seinen ausländischen Kunden
   ....

VI. vgl Z 17: Jede sortiert, installiert, *verbindet* ...

Das Wort *verbinden* hat – je nach Kontext – unterschiedliche Bedeutungen.

(sich) verbinden
- zwei Teile, Dinge zusammenbringen
- mit einer Binde oder einem Verband versehen
- etw (z. B. Eigenschaften) zugleich haben; Dinge zugleich tun
- eine Beziehung, Kontakt zwischen Personen, Sachen usw herstellen
- sich zusammenschließen
- ein Telefongespräch vermitteln

jdm sehr verbunden sein jdm dankbar sein

Welcher Bedeutung des Verbs „verbinden" ordnen Sie die folgenden Ausdrücke zu?

1. sich zu einer Interessengemeinschaft ~
2. jdm die Augen ~
3. eine Mitteilung mit einem Gruß ~
4. das Gute mit dem Nützlichen ~
5. die beiden Stadtteile durch eine Brücke ~
6. den Vorort durch eine Buslinie mit der Großstadt ~
7. (beim Telefonieren) jdn mit Apparat 6776 ~
8. zwei Sätze durch eine Konjunktion ~
9. Hilfsbereitschaft mit Charme ~
10. Verwundete ~
11. die Wunde ~
12. Sauerstoff und Wasserstoff ~ sich zu Wasser
13. Ich bin Ihnen für Ihre Hilfe sehr ~